JN116861

起業ひふみ塾
秋田稲美

自宅で
オンライン起業
はじめました

WAVE 出版

仕事とプライベートがスムーズに両立

自分だけの快適を追求できる

コストダウンするから、たくさん稼ぐ必要がない

場所と時間に制限がない 自由な人生

ワークライフバランスがよくなって、幸福度アップ!

はじめに

うちのママさんは納戸で起業、年商1億!!

今から20年前、私は起業しました

本書のキーワードである「自宅でオンライン起業」——これは、20年前から変わらない私の起業スタイルです。

この20年の間に、インターネットは私たちの生活の隅々まで行きわたり、子どもからシニアまで、スマホで24時間インターネットと共に生活するようになりました。

今は仕事も家も、パートナーだって、インターネットで探す時代なのです。

私は最近、かわいいニャンコ（保護猫）と出会いました。今も足元で寝ています。この出会いだって、インターネットのおかげです。

20年前には「オンラインで買い物なんかしちゃだめ！　危ないから」と言われていたなんて、信じられますか？　若い人には笑い話のように聞こえるかもしれませんが、本当の話なんです。

専業主婦時代に納戸で始めて、年商一億

当時の私は、主婦として家事全般をこなす傍ら、パートで始めたパソコンインストラクターの仕事に夢中でした。
数か所のパソコン教室に登録し、朝昼晩と3教室を掛け持ちして、ワード、エクセル、アクセスの使い方、そしてインターネットの繋ぎ方などを教えていました。

そんなある日、「大学の一般市民向け講座としてパソコン教室を開きたいので相談にのってほしい」と、某大学からオファーを受けたのです。

そこで20クラスを8人の講師で担当するプランを立て、ざっくり1000万円の見積もりを出したところ、「これでお願いします」と、あっさり通ってしまいました。

それをきっかけに、仕事を受けるための法人をつくり、自宅を本社登記しました。そのとき仕事部屋にしたのが、普段使わないものをしまっておく「納戸」だったのです。

しばらくすると「A大学の紹介で、ご連絡しました。ぜひ、力を貸してください」と、別の大学からもお問い合わせが相次ぎ、結局、5つの大学でお手伝いをすることに。年商は初年度で6000万円、2年目には1億2000万円を売り上げることになりました。

マスコミは「主婦が納戸を会社にした。年商1億円を越した」と

言って、ニュースにしてくれました。女性が起業することが、まだめずらしかった時代のハナシです。

今や、誰の生活にもインターネットがなくてはならない時代ですから、自宅でインターネットを使って起業するという働き方は、とっても当たり前のことに思えます。
起業は難しい、というのは昔のハナシです。
誰もがインターネットで気軽に買い物をするように、インターネットで気軽に起業する時代がやってきたのです。

絶好の起業チャンスが到来しています

「外に出るのは3か月ぶり。近所のスーパー以外出かけなかった」
コロナ禍に見舞われる中、こんな会話がよく飛び交いましたが、20年前の人が聞いたらビックリしたでしょう。
「仕事はどうしていたの？」って。

仕事は自宅でも問題ない！
リモートワーク当たり前！
そんな時代になるとは、誰も想像していませんでしたものね。

「社員を自宅で働かせるなんて、絶対に無理」と言っていた会社もこぞってリモートワーク推進に舵を切ったのは、コロナ禍による影響です。
こうした変化により、かつてないほどの起業チャンスが到来しています。
自宅でオンライン起業！というのが当たり前の時代がやってきたのです。

このチャンスを逃さないで！

数年後には、「なぜ、あのとき起業しなかったのか？」と後悔するかもしれません。

会社に勤めていると、本来の仕事以外にもやらなくちゃいけないことがたくさんありますよね。
往復の通勤、朝礼、定例会議、会食、出張、取引先の接待、部下の育成、稟議書の作成……挙げたらキリがありません。

あなたの大切な人生を、そんなこと（ごめんなさい‼）だけに使っていいのでしょうか。

他に、時間を使いたいことがあるのではないでしょうか？

趣味の時間、子どもとの時間、夫婦の時間、８時間睡眠、
ゆっくり朝食、昼寝、読書、お散歩、旅行……。

あなたは選択できるのです。
自分で決めることができるのです。
LET IT BE.
あるがままに生きることを選べるのです。

コーチングのワークであなたをサポート

それでも今なお、「起業って難しい」というイメージを持っている方や、「何から始めていいのか分からない」という方も、この本を読み終える頃には起業がとっても身近に感じられ、早く始めたくなってウズウズしているはずです。

起業という形で自分を表現することの楽しさを知ってもらいたい。そのために本書では、セルフコーチングができるワークも紹介していますので、ぜひ取り組んでみてください。

やりたい仕事で自分を表現する人が満ち溢れる社会って、楽しそうじゃないですか？
時代はそういう方向に向かっています。

あなたが一歩踏み出す一助になれば、これ以上うれしいことはありません。

2020年11月　著者　秋田稲美

『自宅でオンライン起業はじめました』
目次

Chapter 1
てきとうに、まあまあくらいがちょうどいい

Chapter4
競争しないで売れ続けたい♪

Chapter5
ラクに軌道に乗せるコツ

Chapter6
自分ビジネスが花咲く社会に、幸せな未来がある

装丁　加藤愛子（オフィスキントン）
イラスト　風間勇人
DTP　システムタンク
編集　大石聡子
編集協力　竹内葉子（トレスクリエイト）

Chapter 1

てきとうに、
まあまあくらいがちょうどいい

え、いらないの!? ビジネスモデルもマーケティングも戦略も!?

植物が育つのに土と水と太陽という３条件が必要なように、起業して事業を軌道に乗せるにも、３つの条件が必要です。

といっても、自宅で起業する際には、最初はビジネスモデルも、マーケティングも、戦略や戦術も不要です。それらのことは、事業がある程度の規模になると考えなければならないときがやってきますが、自宅で起業するスタートアップには、まったく必要がないんです。

それでは、自宅オンライン起業を成功させるために必要なものとは何でしょう？

それは、次の３つです。

自宅オンライン起業を成功させる3つの条件

◆ **1つめは、夢を持つことです。**

「これだけは絶対に、どうしても叶えたい」という夢があるといいですね。

夢が原動力となり、あなたを動かします。

◆ **2つめは、相互に支援し合える仲間を増やすことです。**

競い合うライバルではなく、助け合う仲間やコミュニティが必要なのです。

子どもたちが学校に通って成長するのは、一緒に学ぶ子どもがいるからです。子どもたちは、共に学び、共に遊ぶクラスメイトがいるからこそ成長できるのです。

大人にとっても同じで、起業や成功という夢に向かって、一緒に楽しく歩む仲間の存在が不可欠です。

◆ **3つめは、 コーチやメンターの存在です。**

思うようにいかないとき、挫折しそうなときって、誰にも必ず訪れるものです。

でも、的確なアドバイスと励ましを与えてくれる人がいれば、心が折れることもなく、また前向きにがんばっていけます。

コーチングをしてもらえる人の存在は重要です。

そしてまた、人生の師と仰ぐような、尊敬できる人の存在が重要です。

「今はまだ、叶えたい夢も、相互支援し合える仲間も、コーチやメンターもいないなあ……」という方も、どうぞ安心してください。

大丈夫です！

この本は、「今はまだ何も持ってない」という方のための本です。

この先を読みながら、あなたにとって必要なものを順番に見つけていきましょう。

“こびない、ツンデレ、マイペース”でも、にゃんとかなる

いきなり「にゃんとかなる」なんて言いましたが、ふざけているわけではありません（笑）。逆に、大真面目です。本質的なところから話を始めようとしているのです。

あなたは、起業に対してどんなイメージを持っていますか？
「収入がゼロになるかも」
「自力で売るのは大変」
「メンタルがタフじゃないとやっていけない」
というようなマイナスイメージが強いとしたら、考えるだけで身がすくんじゃいますよね。

でも、**あまり難しく考えず、「てきとうに、まあまあくらいが、ちょうどいい」と思って、気を楽にしてくださいね。**
実際、気楽に構えている人ほど、うまくいってしまうものなんです。
どういうことなのか、説明しましょう。

起業してうまくいく人の共通点

うまくいく起業家には共通点があります。
それは、“こびない、ツンデレ、マイペース”だということ。
そう、まるで猫のようですね。

◆ 顧客と対等につきあう

こびないからといっても、もちろん「売ってあげる」といわんばかりの上から目線ではなく、売主と買主はあくまでも対等な関係で

あり、取り引きはフェア（公明正大）に行うもの、と捉えるといいのです。

「説明が分かりにくくて、すみません」「お時間をとらせてしまって、すみません」と何度も頭を下げる必要はありません。

顧客にお世辞を言う必要もなければ、どんな場合も相手の都合に合わせないといけないなんていうこともありません。

要するに、こびる必要はないのです。

営業するときは、「よろしくお願いいたします」を連発しないようにしましょう。

お願いするのではなく、「お知らせします」「提案します」という姿勢で臨むとよいですね。ちょっとツンデレかな？と思うくらいでちょうどいいと思います。

さらに言うと、「智恵を差し出してお客様に貢献したい」という気持ちで接することができればベストです。

「○○は、ここにありますよ」と伝えるのが営業です。
そして、「売ってください」と言われたら、
「はい、どうぞ」と渡す。
それに見合った対価をいただく。
ただそれだけのことなのです。

◆ マイペースを貫く

起業は自分のペースで進めるといい、ということも心に留めておきましょう。
どれだけ速く目標達成したかなんて、誰かと比べる必要はありません。
あなたのペースで進めればいいのです。

◆ 仕事は1日4〜5時間、週に3〜4日

自宅オンラインビジネスは、リアルビジネスとはまったく異なる点が多々あります。すべてが違うと言っていいかもしれません。
リアルビジネスの常識や思い込みをキッパリ捨て去り、自宅オンラインビジネスの新常識で挑めば、本当に簡単に起業ができ、誰もがその人らしいビジネスを展開して幸せに生きられます。

リアルビジネスから自宅オンラインビジネスに切り替えると、長時間労働だったのが短時間労働になりますから、時間を持て余すほどです。
「自分の時間がありすぎるなんて、信じられない。そんな夢みたいなことが現実になるの？」
と思われるかもしれませんが、新常識で起業すれば、できちゃいます。

私は、もう何年も自宅で仕事をしていますが、ミーティングやセミナーの時間以外は、電話も鳴りませんし、日中は私一人（と猫一匹）

になるので、誰とも話すことはありません。100％仕事に集中できる幸せな時間を過ごしています。

私の場合は、仕事をするのは週に３～４日で、労働時間は１日４～５時間です。

睡眠を８時間とったとしても、余暇が毎日12時間あります。

子育てや介護などがある人も、毎日数時間は自分のための時間を持てるようになります。

そういう余裕のあるペースで仕事をすれば、自然と長続きしますね。長く続けることもまた、ビジネスを軌道に乗せて成功へと導く大事な要素です。

◆ 自分の時間を自分の幸せのために使う

あなただったら、毎日の自由時間に、何をして過ごしますか？

時間は命です。自分の時間を自分の幸せのために使いましょう。

それができる時代になったのです！

自宅でオンライン起業、そのメリットは数え切れない

自宅で仕事ができるようになると、人生は一変します。よい方向に変わることばかりなので、もう元の暮らしに戻れなくなります。

どこがどう変わるのか、具体的に見てみましょう。

仕事とプライベートがスムーズに両立

・通勤時間がゼロになります
・朝型でも夜型でも、自分が最も集中しやすい時間に仕事をすることができます
・洗濯機を回しながら仕事をするのもＯＫ
・猫や犬など、大好きなペットといつも一緒に過ごせます
・気分転換に筋トレやヨガ、瞑想、夕食づくりなどをしてもＯＫ

自分だけの快適を追求できる

・大好きな音楽や香りに包まれて仕事ができます
・ちょっと疲れたときは、ソファで昼寝をするのもＯＫ
・ノーメイクで、リラックスできる楽な服装でＯＫ
・自分に合った空間で、誰にも邪魔されずに仕事に集中できます

コストダウンするから、たくさん稼ぐ必要がない

・通勤にかかる交通費は不要
・ミーティングに伴う移動費・喫茶代もかかりません
・仕事用のスーツも靴も不要

・メイク用品が減りません
・仕事上の飲み会などが激減し、おこづかいに余裕ができます
・自宅の家賃や光熱費を経費として計上し、節税できます

場所と時間に制限がない、自由な人生

・田舎暮らし、都会と田舎の二住生活もＯＫ
・オンラインの仕事なら、旅先でも可能
・好きな時間に食べたり飲んだり、運動することもＯＫ
・何時に起きても、何時に寝てもＯＫ

ワークライフバランスがよくなって、幸福度アップ！

・家族や友達と過ごす時間が増えます
・学びたいこと、やってみたいことにチャレンジする時間とお金が手に入ります
・遊びに使う時間やお金も自由にできます
・ストレスが減り、健康になります
・仕事を通じて社会参加、プライベートの充実、と理想的なワークライフバランスが整います
・人生の満足度、幸福度がアップします

さあ、あなたも頭を切り換え、古い常識を新常識にアップデートしましょう。

新しい働き方、新しい暮らし方へとシフトしていきましょう。

重要ポイント

1. 売り手と買い手は対等なのだから、
こびる必要なし。

2. 「よろしくお願いいたします」を連発しない。
ツンデレくらいがちょうどいい。

3. マイペースを貫く。
相手の都合に合わせ過ぎない。

4. 短時間労働に挑戦!
1日4〜5時間、週に3〜4日がいい感じ。

5. 自由に使える時間を十分に確保しよう。
自分の時間を自分の幸せのために使おう。

自分の「好き」を知り、自分自身の一部にしよう

何かを「好き」だと感じる心のセンサー、そのセンサーの感度を高めていくことが、これからビジネスを始める方にとって、とても大切です。

はじめて会った人でも、「好き」の話は興味深く聞けますよね。
私たちはたいてい、「好き」について熱く語る人に好感を持ちますし、また会いたくなるものです。
これって、ビジネスにも影響することですね。

それに、好きなことは自然と、自分の得意分野になっていきます。
得意なことは誰かの役に立つので、自然と仕事になっていきます。

自分の「好き」を知り、自分自身の一部にするということが、ビジネスを展開していく上でとても大切なのです。

あなたの「好き」なことは何ですか？

次のページに自分の「好き」を書き出すワークを用意しましたので、ぜひ取り組んでみてください。

自分がどんなものを「好き」なのかを探り、言葉にしていくことは、シンプルだけれどとても効果的な自己分析の方法です。

ワーク

あなたの、 すき好きノート

さあ、 書いてみましょう。
あなたの「すき好きノート」です。

好きだから得意になり、得意なことは誰かの役に立つから仕事になる

「あなたの、すき好きノート」への書き込み、ありがとうございます。いい感じのノートになったでしょうか。

さて、続いては、あなたの「好き」を「仕事」に繋げようというお話です。

実はこれ、〈自宅オンライン起業を成功させる3つの条件〉の1つ「夢を持つこと」の大元ともなる話なのです。

夢が見つからないという人は、「好き」を一緒にして手繰り寄せてみると、「夢」がだんだんとその姿を現してきますよ。

好きなことならば、時間が経つのも忘れて夢中になり、没頭することができますよね。好きだからどんどん探求したくなるし、好きだから忘れないし、好きだから磨かれます。

すると、いつの間にか、人よりも豊富な知識とテクニックを持つようになり、人に求められれば教えてあげることもできるようになっています。

「好き」なことをしていると、いつしか自然と、「得意」なことになり、人に「求められること」になっているのです。

あなたにも、そういう経験がありませんか？

私の経験をお話ししましょう。

私は1995年にパソコンのWindowsと出会って以来、かれこれ25年も、Windowsが「大好き」な、Windowsユーザーです。とにかくWindowsが好きなので、触れ合う時間が長くなり、当然「得意」になりました。

すると、「Windowsの使い方を教えてほしい」と仕事の依頼をいただくようになり、個人事業主として開業することになったのです。
それからしばらくはフリーで仕事していましたが、前述のとおり、あるとき、まとまった仕事の依頼が来ました。それが会社をつくるきっかけとなり、そこからさらに、私の「夢」が育っていきました。

その夢というのが、「起業家を支援すること」です。
パソコンを使うことで（Windowsにこだわりません。Macも素敵です）起業がとても楽にできるので、その方法を伝えたい、コーチとしてサポートしたい、あらゆる人の一番の幸せに貢献したい、というように、夢がどんどん大きくなっていったのです。

「Windowsが好き」が「得意」になり、「仕事」にすることで、私にとって絶対に叶えたい夢が見えてきました。そしてその夢が、私の起業ビジネスを発展させることに直接繋がり、また、本書を出版することにも繋がっているわけです。

あなたが好きなこと、そこから始めてみましょう

おしゃれが好き。
ガーデニングが好き。
料理が好き。
読書が好き。
山登りが好き。
ランニングが好き。
というように、あなたが好きなこと、そこから始めてみませんか？

「好き」なことに没頭すると「得意」になる。
すると注文が来る。
つまり、商売になる。

これは、当然といえば当然の、ビジネスの始め方です。

重要ポイント

1. 好きは、夢の種。
好きを見つけよう。

2. 好きを語ると、
あなたに「また会いたい」という人が増える。

3. 好きを探求すると、得意になり、
その価値に値段がつく。

4. 得意な人に頼みたいという人が
集まってくるので、ビジネスが始まる。

5. 好きなことを仕事にすると、
夢が大きく育つ。

Chapter 2

みんな、どうやって
始めたの?

「好き」と「得意」を3つ掛け算。個性と存在感を強くアピール

この章では、実際に「自宅でオンライン起業」を成功させた方々をモデルケースとして、いくつか紹介していこうと思います。
まずは、ナツキさん（仮名）という40代の方の場合です。

ナツキさんは、大手通信会社で17年働いてきました。IT分野の知識も技術も十分に培ったので、そろそろ独立して自宅でオンラインビジネスを始めようということになりました。それで、いろいろ考えたのです。

ナツキさんの「好き」と「得意」は、この３つです。
①ＩＴまわりのこと（Mac派です）
②コーチング
③Perfume

ITまわりのことでは、学生時代からマッキントッシュのパソコンに親しみ、就職してからも一貫してMacを使っているので、大抵のことは分かるし、できるし、人に教えられるレベルです。

コーチングについては、そろそろ会社を辞めてもいいかなと思うようになった頃に学びはじめ、資格も取得しましたが、コーチとして独立できるところまでは至りませんでした。

Perfumeというのは、広島出身の3人組のテクノポップユニットのことです。ナツキさんは本気で好きで、「ナツキさんといえば、Perfume」と仲間内に知れ渡っているほど、惚れ込んでいます。

ナツキさんという人は、知れば知るほど、ユニークな個性の持ち主です。でも7年前に出会ったときのナツキさんは、「どこにでもいそうな、ごく普通の会社員」という雰囲気でした。

私とナツキさんは仕事を通じて次第に親しくなり、将来の夢について語り合うようになっていきました。その頃のナツキさんは**「これから何か始めたいけれど、何をしていいのか分からない」**ということでした。

「だったら、お願いしたいことがあります」と、私から依頼して、データベースの整理を手伝ってもらうことにしたのです。

それから数年後、ナツキさんはフリーランスとして独立開業を果たしました。
そして現在、どんなことを事業にしているかというと……、まず、起業塾を主宰し、プロコーチを育成する会社（私の会社です）の事務局を請け負ってくれています。

この仕事には、ナツキさんの「好き」で「得意」なITまわりの知識とスキルが存分に活かされています。
それに加えて、受講生とのコミュニケーションにはコーチングベースのスキルが活かされています。

私にとってナツキさんは、かけがえのない貴重なビジネスパートナーとなりました。

ITまわりには、実は細かい仕事がたくさんあります。簡単なホームページをつくってほしいという依頼もあれば、個別サポートとしてPC選びとセットアップを手伝ってほしいという依頼もあります。認定講座の構築をサポートするといったコンサルティング業務もあります。また、Zoomの使い方を教えるトレーニング講座もあり、私の会社では、3年間に300人以上の方が受講なさったという大人気講座となっています。ナツキさん大活躍です。

さらに、会社員時代に行っていた契約業務の知識を活かし、コーチに特化した「契約とは」という講座を開いたりするなど、「好き」と「得意」を掛け合わせたサービスを次々に打ち出しています。

ナツキさんはそのようにして着実に実績を積んでいるので、仕事の依頼は途切れなく、営業らしい営業はまったくしなくても、**会社員時代と同じ収入を完全自宅オンラインで実現**してしまっています。

「Perfumeが好き」は仕事にどう繋がっているの？　という疑問にお答えすると、これが実はいいスパイスになっているのです。

ナツキさんは元IT技術者×コーチングというだけでかなり希少価値ある存在ですが、さらにそこにPerfumeが掛け合わされると、他にはない唯一無二のキャラクターとなります。

実際に、ナツキさんが初対面の席で「Perfumeが好きです」と自己紹介をし、熱くPerfume語りを始めると、「おもしろい！この人」と、記憶に残ります。

「おもしろい！この人」と強烈な印象を残すことができれば、もう無敵です。どんなに素敵な名刺を渡すより、どんなに凝ったホームページを見せるより、自分をアピールできるのです。

ちなみに、ナツキさんは、名刺もホームページも持っていません。Facebookは活用しているようですが、個人的な関心事やPerfumeがらみの情報をシェアすることが主な目的で、自分の仕事を宣伝するような投稿はまったくしていません。

これで、いいんです。

ITまわりのことに強い人は、世の中に何十万人、何百万人といるでしょう。
ITまわりのことに強くてコーチングもできる人となると、だいぶ減るはずです。

そこへさらに、Perfumeの大ファンで、そちら方面のカルチャー情報にものすごく詳しいという要素が掛け合わされると、それはもうナツキさん以外にいないのです。

自分の「好き」と「得意」を３つ掛け算すると、自分だけの個性と存在感を強くアピールすることができます。
あなたは唯一無二のキャラクターとして人々に認知され、あなたの仕事ぶりが注目されます。

いや、そもそも、あなたという存在は地球上に一人しかいないのですから、類似性のある競合他社（他者）のことなど、気にする必要はないのです。

競合があると思うこと自体が妄想です。
競合なんて、元々存在しないのです。

あなたは、あなたの「好き」と「得意」で十分生きていけます。

「好き」をとことん追求して、「誰とも競合しないビジネス」に

もう1人の例をご紹介しましょう。

2017年に保育士（公務員）を退職し、広島の自宅で個人事業主として起業した28歳のジュンさん（仮名）。

保育士からの起業は、果たしてどんなビジネス展開だったのでしょうか？

ジュンさんは、片づけコンサルタントとして世界的に有名な近藤麻理恵さんの大ファンでした。そして、保育士時代に「こんまり流ときめき片づけコンサルタント」の資格を取得していたので、退職から間もなく、月に8回くらいは「こんまり流ときめき片づけレッスン」の講師としてクライアントの自宅を訪れ、講師をするようになりました。

集客は100％アメーバブログからでした。集客に困るということもなく、起業して1年後には保育士時代の月収を超えるほど、順調な滑り出しでした。

けれども2018年の年末に、まさかの骨折。クライアントのお宅を訪問したくてもできない日々が続いてしまったのです。

そこで、ジュンさん自身が集客方法として成功したアメーバブログの書き方講座（ブログ講座）をZoomで始めてみたのです。

すると、これが楽しい!!! そして、喜ばれる!!!

集客に困っている人は意外と多いので、おおいにニーズがあったのです。

ジュンさん自身は最初から集客がうまくいき、片づけコンサルタ

ントの仕事をずっと続けようと思っていたのですが、SNS発信サポートや、オンラインサロンの立ち上げなどの依頼が入るようになり、「片づけ」から「オンラインサポート」へ仕事自体をシフトしていったのです。

さらに、保育士を辞めてから学んだ「コーチング」にはまって、養成講座を3回も受講するうちに（養成講座を再受講する人は、なかなかいません！）、コーチとしての力もメキメキつけていきました。

すると「ジュンさんに、ワンツーワンのコーチングを依頼したい」というクライアントがつくようになり、さらにはプロコーチ養成講座の講師を任されるなど、仕事の幅が広がっていったのです。

今では、そうした仕事のすべてを、自宅に居ながらオンラインでこなしています。

ジュンさんいわく、「元保育士」というキャリアと「片づけコンサルタント」というキャリアを掛け合わせると、ご相談者の家庭の様子が手にとるように分かるのだそうです。

そしてまたジュンさんは、自分に起こったことや感じたこと、考えたことを「文章」で表現することが好きで得意です。

「元保育士」×「片づけコンサルタント」×「文章の達人」という3強の組み合わせです。

加えて、「コーチング」の知識とスキルで対人支援ができます。

もう、最強です。

「誰にも真似できないビジネス」「誰とも競合しないビジネス」を実現することができます。

「好き」をとことん追求していくと、かつては想像もできなかった、素晴らしい未来が拓けていくのですね。

さあ、みなさんもP29の書き込みワークを見返しながら、自分にとって最大の「好き」と「得意」を3つ、絞り込んでみませんか？

この3つを掛け合わせたあなたは、無敵です!!!

ワーク

自分にとって最大の「好き」と「得意」は?

1

2

3

重要ポイント

1. 「好き」を３つ掛け合わせると
無敵になる。

2. あなたの「得意」は、誰かの「苦手」。
だから、「得意」は売れる。

3. 趣味やオタクは、強烈な個性となり、
最大の強みとなる。

4. あなたは、世界でたった一つの命、
唯一無二の存在。

5. 敵がいるというのは、あなたの頭の中の物語。
ただの妄想です。

「きちんと、ちゃんと、しっかりと」は、悪魔のささやき

「きちんとしなさい。ちゃんとしなさい。しっかりしなさい」――いつもそう言われて育った、という人は多いでしょう。

きちんと宿題をしていなかったことで怒られたり、ちゃんと返事ができなくていじめられたり、しっかり話を聞いていないという理由で評価が下がったり、と散々な目に遭って、「自分は何をしてもダメだ」「こんな自分じゃ、起業なんてとてもできない」と自信をなくしているかもしれません。

「きちんと、ちゃんと、しっかりと」は、
自信を奪い、不幸を招く悪魔のささやきです。

あなたは、悪魔のささやきに囚われていませんか？
もし、そうだとしたら、お伝えしたいのは、
「自宅でオンライン起業をするのに、
きちんと、ちゃんと、しっかりとは不要です！」
ということ。

自宅でオンライン起業するには
「いいかげんに、てきとうに、まあまあでOKなんです」
と言ったら言い過ぎでしょうか。
いいえ、でも本当にそうなんです。

思いつくまま試して、改善しながら進めればいい

「マシュマロチャレンジ」というゲームをご存じでしょうか。

制限時間内に乾燥パスタをテープでくっつけてタワーをつくり、その高さをチームで競うゲームです。

教えられたことを、きちんと、ちゃんと、しっかりとやろうとするビジネススクールの新卒者は、ゲームが始まるとさっそく完成図を描き、計画を練るのに時間をたっぷりと使います。そのため、なかなかパスタに手が伸びません。

それとは対照的に、きちんと、ちゃんと、しっかりとしていない幼稚園児は、ゲームが始まった途端にパスタに手を伸ばし、マシュマロを突き刺し（てっぺんにマシュマロが乗っていること、という条件があるので）タワーをつくり始めます。

もちろん、幼稚園児のタワーは途中でひしゃげたり、倒れたりしますが、制限時間が終わる頃にはユニークな形のタワーが出来上がっています。

一方、きちんと、ちゃんと、しっかりとやろうとしたビジネススクールの新卒者や弁護士、CEOのグループは散々な結果になってしまうのです。

この幼稚園児のグループがとった思考法を「デザイン思考」と言うのですが、「思いつくまま試して、改善しながら進めればいい」という考え方は、自宅でオンライン起業を目指す私たちに、最も必要な思考法だと思います。

もう一つ、実例があります。

ある女性が、オンラインで英会話を教えることにしました。

素敵なホームページをつくり、オンライン説明会の準備をし、分かりやすいスライドをつくり、何度もリハーサルを重ねていきました。でもそこで行き詰ってしまったのです。説明会に人が集まらない……。

「何がいけなかったのでしょう?」と、Webデザインのプロに相談をしてみました。

その答えは、あまりにすべてがきちんと、ちゃんと、しっかりとしていて、**どこにも隙がないし、もう完璧に出来上がっているので、アドバイスを入れる余地がない、ということでした。**

彼女は結局、説明会を開くことはしましたが、期待したほどは人が集まらないので、本講座の開講をあきらめてしまいました。

その後、彼女はコーチングができる人に相談を持ちかけてみました。そこでいろいろとアドバイスをもらい、目からウロコが落ちるように、いくつも新発見をするのですが、何よりも驚いたのは、「ジャストアイデアを試してみよう!」とコーチに勧められたことでした。

ジャストアイデアとは、とりあえず今、思っていることです。
まだ何も準備できていないのに。検証されていないアイデアなのに。
と、彼女は戸惑いました。

でも、「30％準備ができているならGO！」とコーチに導かれるまま、もう一度、オンライン説明会にチャレンジすることにしたのです。

すると、うれしいことが起こりました。

ある大手企業から、社員教育の依頼が来たのです。

1000人もの従業員の方にオンラインで英語を教え、ビジネスで必要な英語力をオンラインで鍛えてほしいとのことです。

「あなたは、オンラインで仕事をすることにとても慣れているようなので、あなたに依頼したいのです」

と、うれしいことを言ってもらえました。

しかし、彼女一人ではさばけない人数です。そこでチームを組んで取り組むことになりました。

企業からの大型受注を、チームを組んで請け負うなんて、彼女が立てた当初のプランとはまったく違う展開になりました。

試しながら進めるうちに、思ってもみないところに需要を見つけ

ることができたのです。

「自宅でオンライン起業」は、みなさんほぼこのような展開になります。

当初は「富士山に登る!」と決めて登り始めたのに、途中で気が変わったり、雨が降ってきたり、いい情報を聞いてルートを変更したり、気の合う仲間と出会って寄り道をしたり。そうこうしているうちに、なぜか富士山ではなく上高地の明神池にいたりするんです。

「富士山に登ろう!」と決めて行動を開始したときには、上高地の明神池なんて、その存在すら知らなかったのです。

でも、行き着いてみるととてもいいところで、なんだか初めからここに来るつもりだったような気がする、とさえ思えるのです。

「私は、富士山に登ると決めたんだから」と、意固地にならず、「上高地のことは何も知らなかったけれど、とてもいいところに着いちゃった」と喜ぶ柔軟性が道を開きます。

重要ポイント

1. きちんと、ちゃんと、しっかりと、
は悪魔のささやき。呪いです。

2. いいかげんに、てきとうに、まあまあ、
くらいがちょうどいい。

3. オンラインで仕事をすると、
オンラインの仕事の依頼が来る。

4. 試しながら進めると、
思ってもみないところに需要が見つかる。

5. やりながら改善する。
30%準備ができたらGO!です。

Chapter 3

どんなビジネス
やろうかな?

王道の6ステップを
疑似体験できる紙上コーチング!

プラモデルでも、パズルでもいいのですが、何かを一度つくりあげた後は、二度目、三度目はもっと早く、もっと美しくつくることができます。

事業もそれとまったく同じで、慣れてくると、いくつもの事業をつくって運営することができるようになります。
特に、オンラインで行う事業は使うツールも限られていますし、資本も必要ないので、比較的容易に複数の事業を同時進行することができます。

そんな〈自宅オンラインビジネスづくり〉には、王道があります！
それは、右の図のような流れです。

この流れを一度体験すると、「よし、もう分かったぞ！」ということになり、二つ目、三つ目のビジネスをスムーズに立ち上げることができるようになるのです。

王道の6ステップ

1 「自宅でオンラインビジネス」のコンセプトを固める

2 共存共栄のコミュニティで話を聞いてもらい、助け合う

3 誰とも競合しないビジネスにしていく

4 メニューをつくり、売れ続ける仕組みをつくる

5 受注をする

6 商品・サービスを完成させる

あなたが既に持っている「強み」を元に、あなた独自のビジネスを立ち上げましょう。

そのために必要な6つのステップを知っていただくために、ここから私がコーチしていきます。

では、さっそくスタートです。

王道のステップ1

「自宅でオンラインビジネス」のコンセプトはシンプルに

強みを商品やサービスに変えていこう

まず取り組んでほしいのは、「自宅でオンラインビジネス」のコンセプトを固めることです。

右の図では、「一般的な起業で必要と思われること」を挙げています。

こうして見ると、起業に必要とされることはたくさんありますね。でも、できない項目があってもOKです。

本当に必要なこと、大切なことはほんの少し

「自宅でオンラインビジネス」を始めようとしているあなたに本当に必要なのは、「アウトプット」と「フィードバック」の2つだけ。この2つを大切にしてください。

INPUT（起業に関する学び）は必要最小限でいい。
それよりも、
OUTPUT（告知する、売ってみる）と、
フィードバック（お客様の声を聞いて改善する）を重視！

また、最初から大きなビジネスを生もうとしない、ということも大事です。

「小さく生んで大きく育てる」という気持ちで、できることからコツコツと続けていくことが、自宅でオンラインビジネスを成功させる秘訣です。

＼起業で必要そうなことはたくさんあるけど……／

ビジネス構築

自己分析、市場分析、ビジネスモデルをつくらねば!

法務

著作権や個人情報保護法など。

人

パートナーシップや、雇うなら従業員管理まで。

お金

経理・仕訳、確定申告とか、もろもろあるよ。

IT

PC 基礎知識から、オンラインツール活用まで。

業界知識・スキル

各業界の知識・理解、最新情報のキャッチアップ。

WEB マーケティング

SNS の活用や、動画や音声で PR するなど。

マインド

絶対にあきらめない心、サービス提供のコミット。

大切にしてほしいのは、
INPUT は必要最小限に。
OUTPUT とフィードバックを最大限に重視！
ということです。

ここで、右の図を見てください。
「自宅でオンラインビジネス」のコンセプトは、
自分の強みを商品・サービスに変え、
顧客の課題を解決することで対価をいただくこと。
とします。

これは特に新しいコンセプトではありません。その下の表で分かるとおり——
私たちが目指している「自宅で開業」という小規模のビジネスも、従業員が数万人いて、日本のインフラを担う大会社のビジネスも、実は、型は同じなんです。

規模が違うとまったく違うものに感じられるかもしれないけれど、ビジネスの型はどれも同じで、とてもシンプルなんですね。
そう考えると、気が楽になりませんか？

ビジネスの型はシンプル

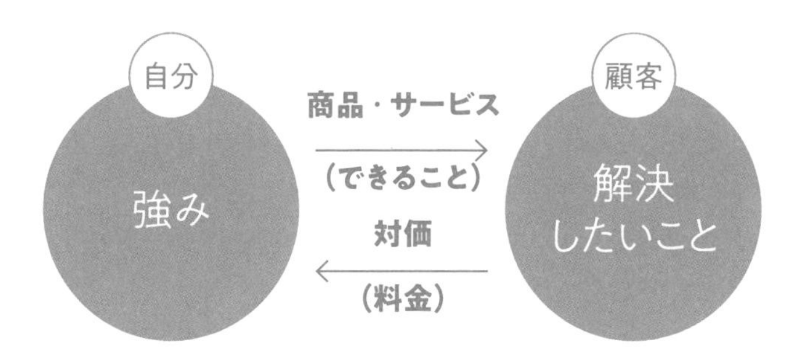

大企業でも、 個人でも、 型は同じ

事業主	強み	商品・サービス	顧客	解決できること
NTT	通信インフラを日本中に敷くことができる資本力・資金力 など	電話線→光通信、インターネット	日本のほぼ全員	コミュニケーションの迅速化・円滑化
私(著者)	20 年に及ぶコーチング経験	コーチ養成	遠隔地でコーチングを学ぶ機会がなかった人	日常生活・ビジネスのコミュニケーション改善、 ビジネス機会創出
ナツキさん	10 年以上に及ぶシステム導入経験	IT 導入支援 IT サポート	IT が得意でない人	IT を使う際の労力軽減、 IT を使ったビジネス機会の増大
ジュンさん	元保育士としてのコミュニケーション能力	広報、文章の書きかた講座、イベントの企画&運営	自分で何か始めたいと思っている人	気軽に相談できる場の提供、 広報活動の支援

誰とも競合しないビジネスのはじまり

次に、あなたの「小さな強みセット」を探してみましょう。

一つひとつは「これって、できる人はたくさんいるし、自分なんて、たいしたことない」と思われるような、小さなこと、なんでもないこと、細かいことであってもいいのです。

そうしたすべてを、あなたの「強み」としてカウントしてくださいね。

たとえばナツキさんには「ＨＰがつくれる」「頭の整理ができる」「コーチングを学んでいる」など、数々のできることがありました。それらを掛け合わせたのが「強みセット」です。

この「強みセット」から、自分独自の商品やサービスが生まれます。

「これが私の強みセットで、こういうことができます」と、あな

たのことをよく知っている人、信頼関係にある人、顔が見える相手（顧客）にお知らせしてみましょう。

つまり**「自分ができるコトをいくつか掛け合わせた結果、身近な人のお役に立ち、誰とも競合しないビジネスをつくることができる」のです。**

これが、自宅でオンラインビジネスのはじまりです。

でも「未来永劫、その商品を売り続ける」というわけではありません。ビジネスの始まりは、どんな場合もこうやって始まる、という意味で捉えてください。

起業は「夢の雪だるまづくり」のようなもの

自分独自の商品やサービスを展開したとしても、それだけでうまくいくかどうか……。

多くの人が心配になるポイントですよね。

起業は、たとえるなら雪だるまをつくるようなもの。

最初は小さい雪玉をつくって、それを転がしながらだんだんと大きくしていくことに似ています。

そして、小さな雪玉をいくつも大きくして重ね上げ、**自分なりの雪だるまを完成する**、というイメージです。

雪玉を雪だるまにするために必要なこと

雪玉を大きくしている途中で飽きちゃったり、やめてしまったり、いくら転がしても大きくならないので他の雪玉をつくり出したり、というケースもあります。

いったいどうしたら、雪だるまを完成できるのでしょうか。

必要なのは、完成した姿を思い描く想像力です。

雪玉を転がしながら、自分がつくろうとしている大きな雪だるまを、つねに想像してほしいのです。

未来を夢見る力、と言い換えてもよいと思います。

「想像」と「夢」は、現実を動かす原動力となり、理想の未来に近づける力を持っています。

夢があれば、困難も乗り越えられるの?

右の図のように、起業・ビジネスづくりの流れは、事業規模の大小にかかわらず、基本は同じです。

この流れにそって、順にステップアップしていきましょう。

まずは暫定的に「仮の商品・サービス」をつくって、発売してみるといいですね。

売りながら、見直しと改善を重ねると、商品・サービスが本格的に完成し、販路も広がっていきます。

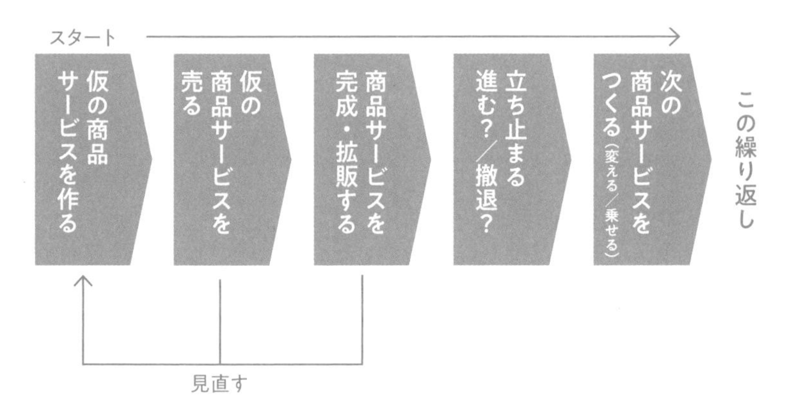

とはいえ、時代は移り変わるもの。
時には立ち止まらざるを得なかったり、撤退を余儀なくされることも、あるでしょう。
でも、そうしたらまた新しい雪玉づくりから始めればいいのです。
あきらめなければ必ず、起業・ビジネスの成功へと近づいていきます。

でも、何があってもビジネスを続けられる人、困難を乗り越えられる人のエネルギーは、どこからくるのでしょう？
その答えは……
「自分が本当にやりたいことを提供して、
目の前の人が喜ぶ顔を見る」
という感動体験。それができると、やり続けることができます。

column 1

ドリームキラーの上手なやっつけ方

あなたが自宅でオンラインビジネスを始めようとすると、反対する人がいるかもしれません。

ただでさえ不安な気持ちを抱えているのに、頭ごなしに否定や反対をされると、意気消沈してしまいますね。

動き出そうとしているあなたの足を引っ張る人のことを、私は「ドリームキラー」と呼んでいます。

夢をつぶしてしまうから、ドリームキラーなんです。

ドリームキラーは、こんな言葉で攻撃してきます。

- **無理だよ**
- **無駄だよ**
- **面倒だよ**
- **向いていないよ**
- **難しいよ**
- **儲からないよ**

なぜか、マミムメモで始まる言葉ばかりですね。

なので、ここでは仮に「Mさん」と呼ぶことにしましょう。

Mさんは、本当は自分が起業したいのです。もしくは、起業したかったのです。それをあなたがやろうとしているから、気になるのです。口を出したくなるのです。

人は、自分が我慢していることをしている人を見ると、イジワルな感情がわき、無意識にジャマしたくなるものなんです。

Mさんは、自分がドリームキラーであるとは思っていないでしょう。「あなたのためを思って」アドバイスしているつもりなのでしょう。

たとえば、歌が好きでバンドデビューすることを夢見ている息子を応援できない親は、夢を追っかけたことがないからです。

ワーキングホリデーで1年間外国暮らしをしてみたいという娘を応援できない親は、実は自分もそうしたいと思っていたことがあるのに、チャレンジしていないからです。

自宅でオンラインビジネスを始める人の中には、田舎暮らしを考えている人もいらっしゃると思います。

生活コストが高い都会で狭い部屋に住むよりも、田舎の自然の中で広い家に住む方がよっぽど快適で生産性も上がると考えるからです。実際に、とてもお勧めです。

東日本大震災の被災地のひとつである気仙沼が、復興の中で大きく様変わりしたのをご存じでしょうか。海沿いに素敵な移住・定住支援センター「湊(みなと)」ができ、その広々とした室内に木の机、壁一面のホワイトボード、オープンキッチンと、さながら東京・表参道のコワーキングスペースのようなおしゃれなつくりです。

全面ガラス張りの窓から港を見渡すと、船着き場に船が並んでいるのが見えます。そのすぐ隣に海鮮市場があり、海の幸が安くて美味しいのです。

そしてなんと、東京23区在住者・通勤者が移住・就業した場合、地方創生推進交付金100万円がプレゼントされるとのことで、多くの若者が移住を決めています。

でもドリームキラーは言います。

「海の近くって、津波がくるよね？」と。

天災も人災も、その可能性はどこにでもあります。

地震だけではなく、豪雨や豪雪、疫病、火事や泥棒まで、

心配しだしたらキリがありません。

ドリームキラーの上手なやっつけ方は、聞き流すことです。

何を言われても、ただ「ふうん、そうかもね」と軽く受け流し、本気で相手にしなければ、ドリームキラーはそのうち退散します。

では、耳を傾けたほうがいいアドバイスは、誰のどんなアドバイスでしょうか。

その人があなたと同じようにチャレンジ精神を持っている人か、もしくはあなた以上のチャレンジャーであるかどうかを確かめてください。

起業ビジネスの経験者でなくてもいいのです。趣味の活動でもボランティア活動でも、**何かに真剣にチャレンジしたことのある人のアドバイスには耳を傾ける価値があります。**

何かに挑戦したことがある経験者のアドバイスを参考にして、起業ビジネスを進めていきましょう。

重要ポイント

1. 人は、自分が我慢していることをしている人を見ると、イジワルな感情がわき、無意識にジャマしたくなる。
2. ドリームキラーの言う言葉は「M」から始まる。
3. 自分がやろうとしていること以上のチャレンジ経験者が言うことは聞いておこう。
4. 自宅でオンラインビジネスを目指す人は、田舎へ移住することも検討してみるといい!
5. ドリームキラーの上手なやっつけ方は、やっつけようとせず、聞き流すこと。

王道のステップ 2

助け合うコミュニティで共存共栄を目指そう

好き・得意・強み・興味で自分を知る

ビジネスは、ただ1つのメダルを獲得するために競い合うスポーツとは違います。

特に、あなたが始めようとしている「自宅でオンライン起業」は、人を負かして自分が勝ち残るビジネスとはまったく異なります。

ですから、自分と他人を比べるのは、まったく意味がないことなのです。

目指したいのは、共存共栄です。

それを**実現するには、お互いに助け合う仲間が必要です。**

あなたが嫌いなこと、苦手なことは、他の誰かにとっては好きなこと、得意なことかもしれません。

お互いにフォローし合えば、誰もが、自分の好きなことや得意なことで力を発揮し、自分に合ったステージで活躍することができるのです。

それにはまず、自分のできること、苦手なこと、できないことを把握しておくことが大切。

自分の内面を深く探っていきましょう。

ワークを用意しましたので、まずP68～71に取り組んだあと、その中から“これぞ”というものをP67に書き込んでみてください。

あなたの興味・強み・好き・得意

先に P68 ~ 71 のワークを行い、
その後こちらにまとめましょう。

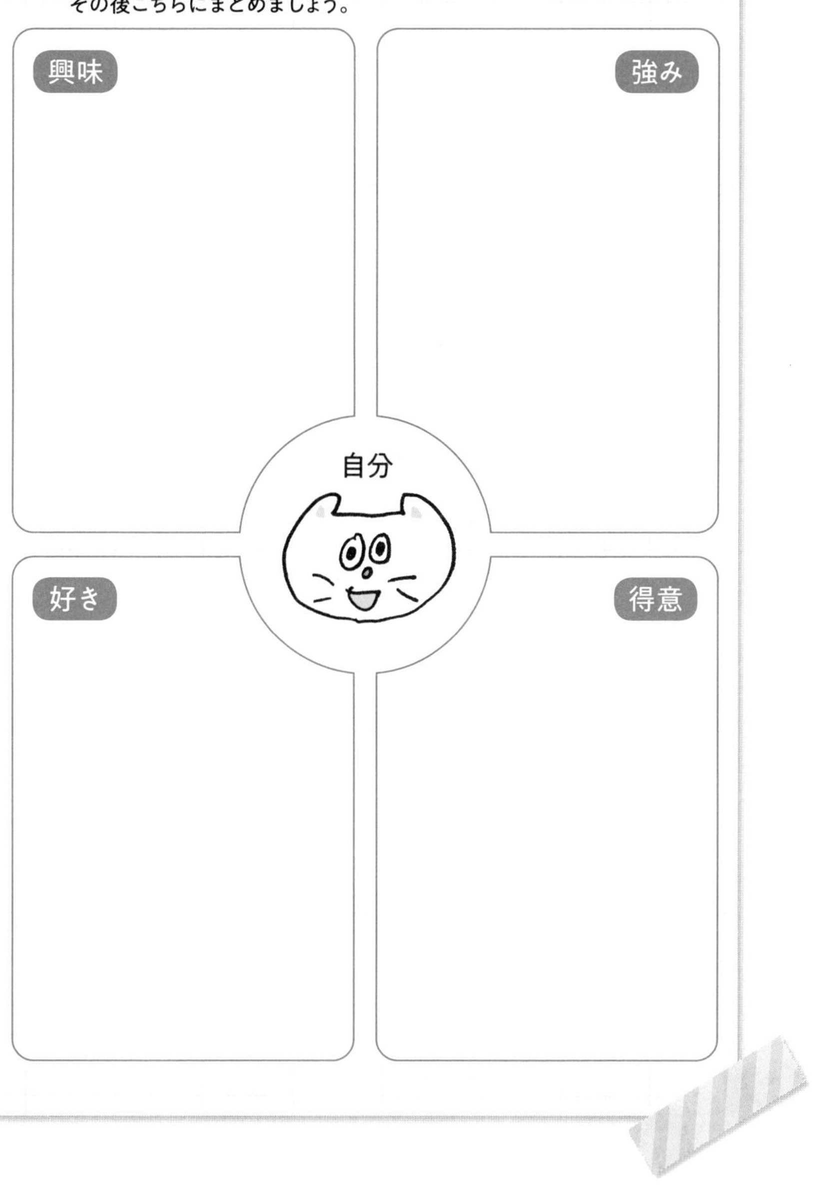

あなたが活躍するステージ

あなたの
好きなものは?
好き

★ 好きなスポーツ ……………………………………

★ 好きなもの ……………………………………………

★ 好きな遊び ……………………………………………

★ 好きな場所 ……………………………………………

★ 好きな性格 ……………………………………………

★ 好きな人 ………………………………………………

★ 好きな曲 ………………………………………………

★ カラダの中で好きなとこ ……………………………

■ きらいなもの・こと ………………………………

きらい

あなたの
得意なことは?

得意

★ 得意な科目 ……………………………………

★ 得意な技 ……………………………………………

★ 得意な歌 ……………………………………………………………

★ 得意なウソ …………………………………………………………

★ 得意な料理 …………………………………………………………

★ 得意なダンス ………………………………………………………

★ 得意な顔 ……………………………………………………………

★ 得意な家事 …………………………………………………………

■ 苦手なもの・こと ……………………………………………………

苦手

あなたが
“トキメク”ことは?

興味

★ 楽しいこと ……………………………………………

★ ワクワクすること ……………………………………………

★ ドキドキすること ……………………………………………

★ あっという間に時間がたつこと ……………………………………………

★ やりたいこと ……………………………………………

★ つい考えちゃうこと ……………………………………………

★ やってるとエネルギーがわくこと ……………………………………………

★ 許せないこと ……………………………………………

■ 興味ないもの・こと ……………………………………………

興味
ない

"ありがとう"って
言われることは?

強み

★ 上手にできること……………………………

★ 褒められること……………………………………

★ よく頼まれること ……………………………………………………………

★ 感謝されること……………………………………………………………

★ 思わずやってしまうこと ………………………………………………

★ よくする親切 ……………………………………………………………

★ 性格の強み ………………………………………………………………

★ 喜ばれること………………………………………………………………

■ 弱み ………………………………………………………………………

弱み

難しいことは、やらないほうが、うまくいく

「難しいことをやらない３つの鉄則」というものがあります。

＼3つの鉄則／

①スキル・経験	すでに持っているスキル・経験（強み・当たり前）を使う
②顧客	信頼関係が築けている相手と取引する
③商品・サービス	誰もがやっていることをやる ×限られた人しかやっていないことはやらない

そう、これは、起業の初心者や１年目の人にとって、うまくいくコツを示したものでもあるのです。

自分にとって難しいことにはあえて手を出さず、一番やさしいことから始める！　これが、うまくいくコツです。

あなたにとって「やさしいこと」「当たり前なこと」の中に、「多くの人がすでにビジネスにしているサービス」はありますか？

あればそれを、「すでに信頼関係を築いている相手」に提供する。

ここからスタートしましょう。

ハイキング気分で小さな丘に登り、成功体験を重ねる

私が多くの起業志望者の方を見てきて分かったのは、起業初心者ほど、なぜかいきなり高い山に登ろうとしてしまう、ということ。経験がないのに、経験者でなければできないサービスを提供しようとしたり、楽しくないことをネタにしたり、面識のない人に売ろうとしたり……。

そうして失敗体験を積み重ねてしまって、起業を難しいものにしてしまうのです。これは非常にもったいない!

それよりも、ハイキング気分で小さな丘に登り、成功体験を重ねていきましょう。成功体験は自信の元です。

「世界初」「日本初」「業界初」のように、誰もやったことのない領域の商品サービスを手がけるのは超難関。よほどの資本力がないとビジネス化できないので、最初は手をつけず、今できることから始めて、それが軌道に乗ってきたら、夢を追う気持ちで挑戦してみましょう。

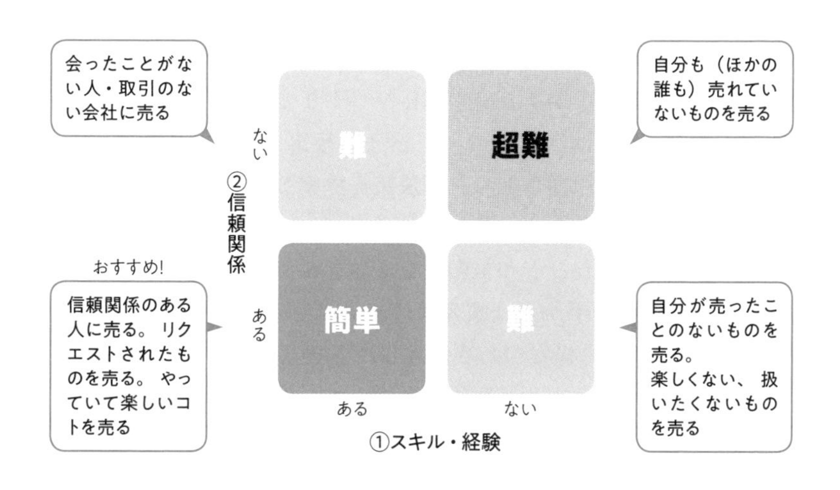

お金じゃなく、信頼を稼ごう

すでに信頼関係が築けている相手なら、その人はあなたの商品やサービスを買ってくれる可能性が高いということです。

あなたという人を信じているから、あなたが勧めるサービスや商品を信じられるのです。

では、どうしたら信頼関係って築けるのでしょうか？

「この人なら信頼できる」と思うのは、たいてい約束を守ってもらえたときです。

このとき、相手に対する信頼が芽生えます。

信頼というのは目に見えるものではありませんが、見えない信頼を見えるようにするには、約束を守り続けることが大切です。

たとえば、

①**最初は一方通行**でも、相手の開催する集まりや講座に顔を出す。

②次に、自分ができることの**プチアピール**をする。

「こんなチラシやHPをつくりました」などと話しかけ、自分の強みを発信する。

③すると、もし相手がチラシやHPをつくり変えたいと思っていたら、「相談に乗ってほしい！」と、よい反応が期待できます。

こうして**相手の課題を知り、解決策を提案していく**のです。

④相手と自分の条件をすり合わせ、実際に何かお手伝いをすることができると、またひとつ信頼を築くことができます。

そして次第に相手から「顧客管理を見直したい」「何か一緒にやらない?」などの提案があるかもしれません。

それをひとつずつ実行し、約束を守って、信頼を増やしていきましょう。

こうして「依頼しても大丈夫」「依頼を受けても大丈夫」と、お互いの信頼を積み重ねることで、強い信頼関係を築くことができます。

自宅でオンラインビジネスをする上で大切なのは、とにかく信頼を築くこと。お金を稼ごうとしないで、信頼を稼ぐという気持ちで臨んでください。

信頼があれば、お金はあとからついてきます。

次のページでは、人間関係を整理し、信頼関係を築くためのワークをしてみましょう。

ワーク

あなたの身近にいるのは、 どんな人たち？

商売の相手を書くのではなく、 身近な人の名前を書きましょう。
家族とか友達とか、 気の合う人、 仲のいい人、 好きな人など、
思いつくまま順に書いていきます。 (3分間で30名を目指して!)

ワーク

誰とどんな約束をし、 どのように守っていますか?

左に挙げた人の中で、 特に誰とどのような約束をし、 守ってきたかを書いてください。
約束を守ることを積み重ねて信頼関係を築いた相手は誰と誰でしょう? (10名くらいピックアップして!)

column 2

失敗の事例から学ぶ やってはいけないのに、 やってしまいがちなこと

「失敗は成功の母」と言われます。

たしかにそのとおりですが、誰も好きこのんで失敗するわけではないし、失敗したくてしているわけでもないと思います。

できれば失敗などしたくない、というのが正直な気持ちでしょう。

ですからここで、「自宅でオンラインビジネスの失敗アルアル」をシェアしておきましょう。

よくあるのは「売れそうなものを見つけた！」、それを**売るために、自分を商品に合わせようとしたが、うまくいかなかった、という失敗です。**

たとえば、あなたが、何か商材を探しているとします。そこへ、ある人物から、「今は男性もメイクをする時代だ」「男性が使いやすいメイク道具を開発したので、それを売ってほしい」と言われたとします。あなたはさっそく、さまざまなデータをあたって、男性のメイクについて調べてみました。

そして、男性化粧品の需要が伸びていることを知ります。「これはいい商品に出会った!」と、喜んで挑戦したとします。

そこから先は、どういうことになるでしょうか。

あなたがメイク用品に並々ならぬ関心を持っているならば、あるいは、あなた自身がメイクをしてみたい男性当事者であるならば、ビジネスとしてうまくいくかもしれません。やり方を間違えなければ、発展する可能性があります。

でもそうでなかったら……。

これは、他でもない私自身が繰り返してきた失敗です。

個人事業主として開業したときに、初めてつくった名刺が今も手元に残っています。

そこに、こう記されています。

業務内容

「パソコン教室運営、教材開発、システム開発、結婚相談」。

……最後に、いかにも付け足しという感じで記された「結婚相談」という文字。

パソコン関連の仕事とはまるで関係ないことなのに、「結婚相談もやっています」としたのは、私が初めて受注したシステム開発の仕事を依頼してくれた女性が、結婚相談所を経営していたからです。

その女性の依頼内容をヒアリングしているうちに、婚活や結婚相談所について調べてみたくなりました。すると、昔ながらの“お見合いおばさん”の経験と勘だけを頼りとする業界であることが分かってきたのです。
「このままではダメでしょう。もっと合理的なシステムをつくるべきよ」と思い、IT 化の需要がそこに潜在していることを強く意識するようになったのです。

需要がありそうだから、やってみよう。
……はい。それが失敗の原因でした。

結婚相談のシステム化をはかるという話は、思うように進展しないまま、いつしか立ち消えになりました。
私がそこに費やした時間と経費は、もう戻ってきません。骨折り損のくたびれ儲け、でした。

その後、起業 10 年目くらいにも、こんなことがありました。
当時、私の会社の主力商品はコーチングになっていました。対人支援をすることが好きですし、得意でもあったのです。
しかし、コーチングだけではもうこれ以上広がりようがない、とも感じていたのです。
私は自分のスキルと知識をもう一段高めるために、カウンセリングやメンタリングについて調べ、さらには、「脳の取り扱い説明書」とも言われる「NLP」(Neuro-Linguistic Programming: 神経言語プログラミング) を学び始めました。

そしてゆくゆくは、自社オリジナルのNLPトレーニングコースを開発し、新規事業として展開したいと考えたのです。

お金も時間もたっぷりとかけて学び、念願の自社オリジナルNLPトレーニングコースが出来上がりました。専任のスタッフを複数名置き、素晴らしい外部協力者にも恵まれて、意気揚々とリリースしたのです。

が、しかし、なかなか事業が伸びません。

私の会社の事業規模からいって、投資額が大きすぎたため、できるだけ早く利益を上げて資金の回収をしたかったのに……。
うまくいかずに、焦ってばかりいました。このまま終わらせるわけにはいかないという思いから、さらに資金を投じていました。それでもうまくいきません。やめるタイミングを見つけることもできません。

それでも、さすがにもうこれ以上は無理だとなって、泣く泣く撤退したのです。

今思い返すと、私の会社は私そのものです。私自身のエネルギー源は「夢を叶えるコーチング」にあり、カウンセリング領域にあるNLPという手法は自社の範疇外だったのです。
自分の「好き」や「得意」から生まれた商品ならばうまくいきますが、先に商品があり、商品に自分を合わせようとすると無理が生じてしまうことがあるのです。

それにもかかわらず、

- **好きで得意なことの周辺領域だから**
- **新しいことを始めたいから**
- **話題の新手法だから**
- **サポートできる範囲も、顧客層の裾野も広がるから**
- **儲かりそうだから……**

と安易に手を出せば、当然のごとく失敗するでしょう。

「儲かりそうだから、やってみよう」
と安易に考えるのも、禁物です。

重要ポイント

1. 「需要がありそうだから始める」、は
失敗する。

2. 「儲かりそうだから始める」、も
失敗する。

3. 周辺に目が行きがちだが、
あなたがやるべきことは真ん中にある。

4. 投資をし過ぎると、うまくいかなかったときに
撤退のタイミングが遅くなる。

5. 商品に自分を合わせようとしない。
これを守れば失敗を避けられる。

Chapter 4

競争しないで
売れ続けたい♪

王道のステップ3

誰とも競合しない ビジネスにしていこう

自分にとっては当たり前のこと、簡単にできてしまうこと、そういう「強み」を活かして仕事をし、誰かの役に立てば、対価を支払ってもらえます。それが「自宅でオンラインビジネス」です。

あなたの強みを、より多くの人に知ってもらい、より多くの契約を成立させていきましょう。

ここからは、その具体的な方法をお伝えします。

まず、「見える化」して考えるための図をまとめましたので、じっくりと見てください。

そして、P88のワークに、あなたのアイデアを書き入れてみましょう。

商品・サービスのアイデアを五段活用

商品やサービスを「見える化」する理由は……

- **初めての人も、買いやすくなる**
- **何ができるのか知ってもらえる**
- **多くの人に届けられる**
- **提供範囲を定めて、約束を明確化する**

この起点となるのは、あなたの「強み」です。

「強み」は、売り切り・集合・時間・代行・継続、の五段活用で、商品・サービスとして提供できます。

P88のワークは一人で行うのではなく、仲間の知恵をもらうと、思ってもみないサービスが生み出されるので、ぜひお友達を誘って一緒に取り組むことをおすすめします！

＼「強み」を商品・サービスにする「五段活用」例／

ワーク

あなたの“強み”を五段活用

強み	①売り切り	②集合

③ 時間	④ 代行	⑤ 継続

必ず「売れる!」3つの視点

さあ、あなたの商品やサービスのアイデアが数多く洗い出せましたね。次は、いくつかに絞っていきましょう。

というのも、商品やサービスは、「いいね」と言ってもらえるのと、実際に買ってもらえるのとでは大きな違いがあるからです。

そのために必要な３つの視点をお伝えします。

①相手に応じて商品やサービスを変える

時間や期間などのリクエストを聞き、
「ぜひお願いしたい」という形にする。

②課題解決内容（価値）をはっきりさせる

困っていることが解決し、Happy になれたら、
価値がある。コスパがいい。

③緊急性に応えられるようにする

必要じゃないものは売れないので、
今、すごく困っていることを聞く。

①相手に応じて商品やサービスを変える

あなたが提供できるものの中から、相手が求めているものを、相手が求める形でパッケージ化しましょう。

②課題解決内容（価値）をはっきりさせる

あなたの商品やサービスを買うと、どんな課題が解決するのか。ぼんやりとではなく、具体的にはっきりさせます。

③緊急性に応えられるようにする

今すぐに必要とされているものを優先しましょう。たとえば真夏にダウンコートは売れませんよね。今必要でないものは買ってもらえないのです。

あなたの商品をお金に換えるために、ここは大切なところです。
そこで、上記①～③について、もっと詳しく解説していきますね。

①相手に応じて商品やサービスを変える

みなさんは、仕事や趣味の活動や勉強会などにおいて、さまざまなコミュニティに属しているでしょう。

また家庭においても、たとえば妻、母、娘、姉妹と、いろいろな顔を持っていることでしょう。

自分がどんなコミュニティに属し、どんな顔を持っているのかを今一度思い出し、下のイラストのように書き出してみてください。

あなたの商品やサービスを求める人が多くいるコミュニティは、どのコミュニティでしょうか？

あなたの商品を顧客によってアレンジしてみましょう。

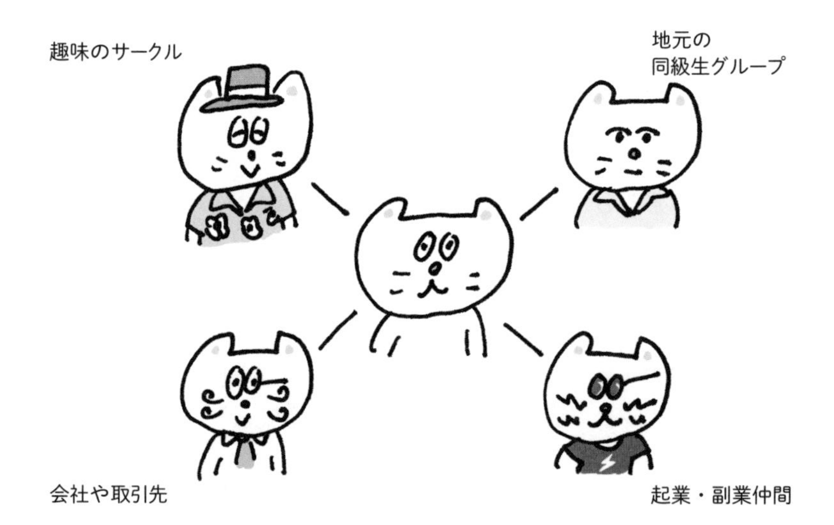

②課題解決内容（価値）をはっきりさせる

たとえばご飯を食べに行くとき、「とにかくお腹が空いているので、すぐに食べたい」「ヘルシー志向です」「ゆっくりしたい」というように、**課題が違えば、選ぶ飲食店が違ってきますよね。**

- お腹が空いている人には「早さ・ボリューム」が売り。
- ヘルシー志向の人には「低カロリー」などが売り。
- ゆっくりしたい人には「くつろげる空間」が売りになります。

人は、自分の希望や課題を解決してくれる商品やサービスに喜んでお金を払い、「ありがとう」と心から感謝します。

その上、「あの店（あの人）のサービスはとてもよかった」と、頼まなくても宣伝までしてくれるのです。

その反対に、
何をしてくれるのか、
何をしてくれないのかが、
分かりにくいと、売れない（売りづらい）商品やサービスになってしまうことが多いのです。

売れる（売れやすい）商品やサービスは、
どんな問題を解決できるか、
どんなメリットが得られるかが、
はっきり、くっきりと明確！

＼解決できることを明確化（例）／

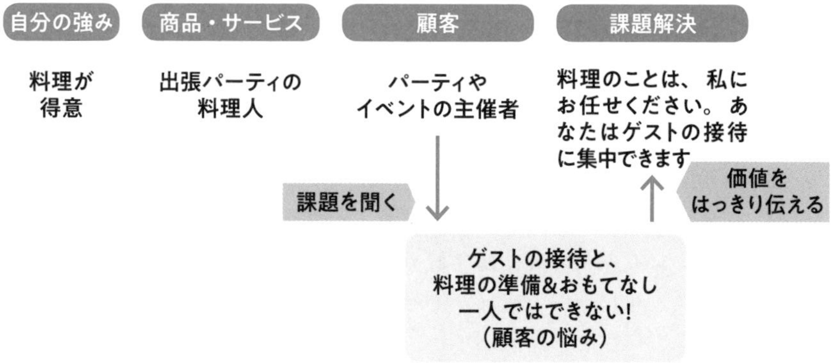

自分の強み	商品・サービス	顧客	課題解決
料理が得意	出張パーティの料理人	パーティやイベントの主催者	料理のことは、私にお任せください。あなたはゲストの接待に集中できます

課題を聞く

ゲストの接待と、
料理の準備&おもてなし
一人ではできない！
（顧客の悩み）

価値を
はっきり伝える

あなたの商品やサービスは、

誰のどんな希望や課題を、
どのように解決できますか？
何をどんなふうに提供できますか？

それを明確にしておきましょう。

③緊急性に応えられるようにする

緊急性というものは、「外的なこと」と「内的なこと」の２つに分かれます。

◆ 外的なこと

たとえば、何の準備もしていないのに突然、テレワークの依頼があったとします。自宅をオフィスにすることを余儀なくされ、大急ぎでオフィス用品を買ったり、クラウドサービスの契約をしたりするような場合です。

こういう場合は必要なことがはっきり分かっているので、買い手は主体的にネット検索をしてサービスを探すため、とても売りやすい状況です。

◆ 内的なこと

こちらは、ちょっと分かりにくいかもしれません。というのも、買い手本人ですら必要性に気づいていないことが多いからです。

たとえば、「とにかく疲れた。仕事に追われて休みがとれない」という人が、苦手な事務仕事を非効率な方法でやっていることが忙しさの原因だと分かり、事務代行にお願いしたら問題解決できた、というケースもあれば、「最近イライラしたり落ち込んだりしやすい」という女性が更年期のサポートを受けてみたところ、フィジカルな問題が解決してとても楽になったというケースもあり、実にさまざまなのです。

ワーク

ビジネス五段活用をブラッシュアップ

先ほどの3つの視点から、 P 88 ~ 89 の表をブラッシュアップしてみてください。

強み	① 売り切り	② 集合

③ 時間	④ 代行	⑤ 継続

人は、**緊急な問題ほど「多少高くても、素早く解決してくれるならお金を払いたい」という欲求を持っています。**

ですから、買い手本人がモヤモヤしている内的要因を明らかにするコーチングなどのコミュニケーションスキルを磨いておくのもおすすめです。売れる商品・サービスを考える上でも、とても役に立ちます。

あなたもお客様も満足する価格設定

さあ、次は価格設定のしかたをお教えします。

でも、ここが悩ましいんですよね。私が主宰する起業塾でも、「価格を決めるのが難しい」という相談をよく受けます。

そこで、次のように考えていきましょう。

大切なのは、**あなたが商品やサービスにつけた価格と、顧客が課題解決した価値のバランスがとれていること。**

このバランスがとれていると、
あなたも満足、顧客も満足、
結果として持続可能なビジネスになります。
持続可能というのは、とても大切なこと。

右ページに、そのためのワークを用意しました。
まず3つのポイントでリサーチをしてほしいのです。

その後、①②③を考慮して「このくらいが妥当かな？」と思う価格をつけてみます。

あとは、顧客とのコミュニケーションで微調整しながら、決めていくとよいでしょう。

ワーク

価格設定の3つのリサーチ

①あなたが1ヶ月に必要な生活費はいくら?

(必要な生活費÷稼働日数÷労働時間=必要な時給)
現在の生活費ではなく、 これからの理想の生活に必要な生活費をもう一度見直して、 計算してみてください。

②類似商品・類似サービスの価格はいくら?

これは、 ネットリサーチに限ります。

③相手の課題解決の価値を金額換算すると?

②にも通じることですが、 これもリサーチしないと分かりません。
直接、 顧客に尋ねてみるのもいいでしょう。

column 3

必要なことには投資し、自分に合ったコミュニティを選ぼう

自宅で起業する場合は、オフィスを借りる必要がなく、したがって、オフィスがあるとかかる費用（家賃、什器備品、通信費、通勤費など）も不要です。自宅の家賃や自家用車の使用割合を計算して経費処理することもできるので、経済的なメリットは大きいと言えます。

ですから、起業のハードルはほぼゼロと言って過言ではないでしょう。

費用が浮いた分、より高性能なパソコンに買い換え、Wi-Fi の速度を高速にして、複合プリンタを購入し、デスクと椅子は機能もスタイルもよいものにこだわって買い換える、などの投資をしてみてはいかがでしょうか。

今は社会全般でテレワークが推進されている影響により、自宅に仕事部屋をつくる必要に迫られ、スペースの確保に苦慮している方も多くいらっしゃいますよね。

家族と暮らしている場合、子どもには部屋があっても大人はリビングと寝室しかないというのが、おおかたの日本人の住宅事情かもしれません。

その状態で起業するなら、何とか工夫する必要があります。

思い切ってリフォームするとか、引っ越しも考えてみませんか。

私は起業してからの数年は、自宅で仕事をし、その後はオフィスを借りて、15年後くらいにまた自宅で仕事をするスタイルに戻すという経緯で、自宅にオフィスを戻すタイミングで引っ越しをしました。

それまで住んでいた**都心から、環境のいい郊外に移ったのです。庭があり、仕事部屋が確保できる広い家です。**

駅から徒歩20分もかかる不便な場所ですが、この選択は大正解でした。

通勤しないので、自宅が駅に近い必要はないからです。

ところで、投資というと、「不動産や有価証券など、形があるもの」を意識しがちですが、「形のないもの」に投資価値があることも多いので、未来のために目を向けてみてください。

私がこれまでしてきた投資の中で、とても有効だったと思うのは、コーチングや東洋思想、リーダーシップの学びといった形のないものです。

何らかのコミュニティに属することもおすすめです。

あなたと同じように起業を目指す人が集まっているところ、あなたが心地いいと感じるところ、互いを励まし合い、支援し合えるコミュニティを探してみましょう。

起業コミュニティに参加するなら、心理的なプレッシャーがかからないことが大切です。

たとえば、ミーティングに必ず出席しなければならないとか、欠席すると叱られるとか、そういうところはやめたほうがベター。

○○式とか、○○塾のように、特定の個人のやり方を学ぶコミュニティも、あまりおすすめしません。

大切なのは、あなたのやり方を見つけること。
誰かのやり方を真似ることではないからです。
コミュニティに属する目的は、起業のノウハウを教えてもらうためではなく、サポートし合える仲間が集う、心理的な安全基地を持つことにあります。

ごく一般の起業コミュニティでは、定例会（朝会など）が設けられていることがよくあります。
自宅でオンラインビジネスをするなら断然、オンラインコミュニティをおすすめします。

自宅にいる会員同士が繋がるオンラインコミュニティは、お互いに物理的な距離があるので、カフェで雑談することも飲み会も、頻繁にはできません。

適度な距離感があるので、依存し合わない自立したコミュニティになるようです。

また、起業を支援するサービスの中には、驚くほど高額なものがあるので、気をつけてください。

起業の支援は、民間に頼らなくても、自治体が手厚い支援を用意してくれているので、まずは最寄りの自治体のサービスを調べてみるとよいですね。

重要ポイント

1. 自宅でオンライン起業ならば、
初期投資はほとんど必要ない。

2. その分、自宅で仕事に集中できるスペースと、
最新のパソコンなど、
通信機器一式を揃える投資をする。

3. コーチングなどのコミュニケーションにかける
投資は、価値がある。

4. 起業コミュニティに所属する目的は、
心理的な安全基地を持つこと。

5. 各自治体が、起業を支援する手厚いサービスを
実施しているので調べる。

王道のステップ4

メニューをつくり、売れ続ける仕組みをつくろう

メニュー表が完成したら、準備完了

自分の「強み」を商品・サービスに変え、課題解決をすることで対価を受け取る。その準備を進めていきましょう。

ここからは、いよいよ最終段階です。
次ページの表を参考に、P107のワークを行ってみましょう。

あなたの「強み」を起点に、商品やサービスを生み出し、顔が見える相手の課題を解決する。その価値に見合った値段を設定し、一覧表にするのです。

これは、いわゆるメニュー表ですね。
リアル店舗（飲食店など）のメニューをイメージすると、分かりやすいと思います。
お店によっては、入口付近の路上にメニュー看板を出していることもあり、お客さんが安心して入店できるよう、工夫をしていますよね。
オンラインビジネスでもまったく同じです。
メニューがあってはじめて、注文がとれます。
これができたら、あとは売り出すだけ。

もう一歩です！

＼商品・サービスと価格の例／

自分の強み	メインの商品・サービス	顧客	顧客の課題や解決できること	価格
（ナツキさん）ホームページをつくることができる	**[集合]** ホームページのつくり方セミナー	個人事業主として独立準備をしている人。新規事業を始めたいと思っている法人	名刺代わりのホームページがほしい。ホームページは、自分でつくって、更新も自分でしたい	ホームページをつくるためのセミナー：6万円（手直し込み10万円）
（ジュンさん）保育ができる	**[時間]** ベビーシッター、オンライン学童保育	テレワークで子どもと一緒の時間が増えて、煮詰まっている家庭	子どもはZoom越しの保育を受け楽しむ。親は、その間ゆっくりできる	体験1回：無料、回数券：5回1万円、11回2万円
（ミドリさん）着付けができる	**[継続]** お着物好きが集まるオンラインサロンの運営	着物は好きだけれど、着る機会や友達がいない人。着物について、ちょっとした相談がしたい人	できるだけ毎日、着物で暮らしたい。季節ごとの着物の手入れや小道具の使い方が知りたい	月に2回のオンラインサロン：月謝5千円（対面のイベント参加費は別）
（ゆうさん）人の話を聞くのが好き	**[代行]** お客様の声のヒアリング	商品やサービスを販売するため、ホームページにお客様の声を掲載したい個人や法人	お客様の声を聞き、そのままホームページにアップできるような原稿にまとめる	お客様3名：8万円、お客様5名：10万円
（かなこさん）本や雑誌の編集ができる	**[時間]** 出版コンサルティング	本を出したいと思っている個人	そのまま出版社に提出できる書籍企画書を作成	1回（90分）：5万円、3か月コーチ：20万円
（アキラさん）料理が得意	**[時間]** 出張パーティ	キッチン付きのイベント会場でイベントをする個人や法人	その場で料理をつくり、みんなで食べる。チームビルディングやおもてなしになる	人数×2000円（材料費別）で相談後、見積もり
（まさるさん）フィットネスおたく	**[集合]** 走ったり、踊ったり、体を動かすイベント	ダイエットしたい人。マラソンに挑戦したい人	チームで、楽しみながら走っているうちに、フルマラソンが完走できる	月に1度のランニング会を半年サポート：10万円

ワーク

強みと顧客を結んで価格設定

あなたの強みである「商品・サービス」を「顧客」と結びつけて、
価格も決めてみましょう!

自分の強み	メインの 商品・サービス	顧客	顧客の課題や 解決できること	価格

売れ続ける仕組みをつくろう

あなたの強みをビジネスとして成立させ、長く継続させるために、売れ続ける仕組みをつくりましょう。

そうした仕組みづくりを、「マーケティング」と言います。（最近よく聞く「SNSマーケティング」は、マーケティングのごく一部を指します。）

イメージしてほしいのは、次ページの図のような階段。
（上下が逆転した漏斗（ろうと）型の階段の場合もあり、それは「セールスファネル」と呼ばれることもあります。）

まず、あなたが**本当に提供したい商品を、階段の一番上に置いてみます。**
そこから下へと順に、手にとりやすい商品、買いやすい商品へと移動しながら、そこに最も適切と思われる商品を並べていきます。
階段の一番下には、多くの方が手にしてくださる（買いやすい）商品を置きます。

実際のお店でも、店先には必ずといっていいほど、思わず足を止めて近づきたくなる商品が並べられていますよね。
お店に入って奥に進むと、店主が一番売りたい商品がディスプレイされている、そんな感じです。

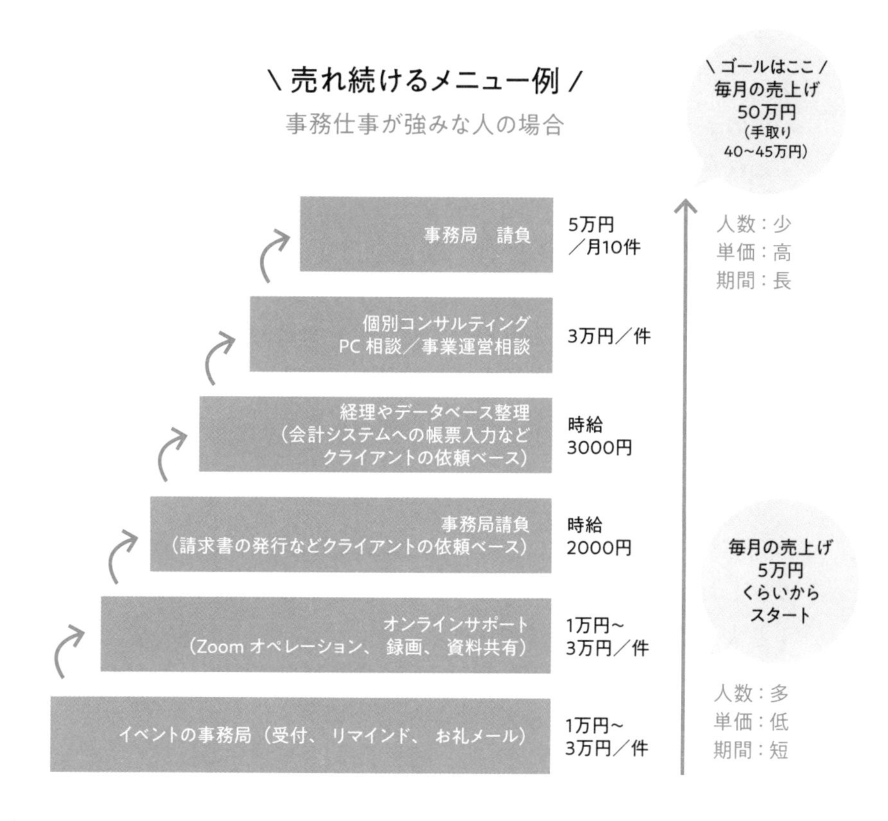

上の図を見ながら、説明を続けましょう。

きなこさん（仮名）は長年、会社で事務仕事をしてきました。

「私にできることは特に何もない。何の強みもない」と思っていたようですが、実はきなこさんにとって、事務仕事は立派な「強み」でした。

そのことに気づいたきなこさんは、まずは最近流行りのオンラインイベントの事務局を手伝うことを買って出たのです。

オンラインイベントを開くには、集客、集金、問い合わせ対応、リマインド、当日の案内、お礼メール、事後の清算まで、やることが山のようにあります。
これら一連の作業を、事務仕事に長けたきなこさんは難なくこなしてしまいました。

仲間からは「ありがとう」の嵐です。きなこさんは会社員時代に、こんなに褒められたことはなかったので、本当に驚いたそうです。また、自分が役に立てた！という感覚を、生まれて初めて持てたような気がして、目頭が熱くなったと語っていました。

こうした感動経験が自信となり、その後もさまざまなイベントの「事務局」を買って出ました。中には無償ボランティアのものもありましたが、きなこさんにとっては、経験を積むことのほうがお金よりも大事だったようです。
そしてあるとき、「少額ですが」と５万円の報酬をいただき、月の売上げとして、その５万円を計上したのでした。

きなこさんの有能ぶりは噂になって広がり、オンラインイベントを初めて開催する会社から、当日のサポートをお願いしたいという依頼がきたり、事務員が辞めてしまったので助けてほしいという相談がやってくるようになりました。

すると次第に、ただ言われたことをするのではなく、「もっとこうしてみたらどうか」と改善案を思いつくようになり、提案をしてみたところ、それも喜ばれ、「あなたのことを社長仲間に紹介したいけれど、もう少し仕事が増えても大丈夫ですか？」と言われるまでになっていきました。

そしてある日、「オフィス契約を解約し、社員すべてをリモートワークにしたいので、業務改善のコンサルテーションをしてほしい」という依頼が舞い込みました。

きなこさんは、「私にはそんな大役を果たせない、とんでもない」と尻込みしていましたが、所属コミュニティの仲間から「受けたほうがいい」と言われ、思い切って、（きなこさんにとって）高額なコンサル料を設定し、見積もり書を出してみたら、それが通ってしまい、その月の売上げは初めて50万円を超えました。

けれどもこの頃から、きなこさんは仕事が忙しすぎてプライベートの時間がとれないことが悩みになってきました。
そこで、個別案件を受けることはやめて、月契約のクライアントのみサポートするというスタイルにシフトしたのです。

月に5万円で「できるだけのことをする」というざっくりした契約ですが、すでに信頼関係のあるクライアントばかりなので、無理を言われることもなく、きなこさんも精一杯ベストを尽くすので、よい関係が続いています。

こうして月契約のクライアントが徐々に増えていき、収入も安定してきました。
気づくと、会社員時代の2倍の収入に。
きなこさん自身が事務局を雇わなければ！というほど仕事は盛況で、これはもう明らかに、次のステージに来ていますね。

きなこさんがたどった道を図にすると、P 109のようになります。

みなさんも、次のページのワークで自分がたどりたい階段を描いてみましょう。

ワーク

売れ続けるメニューをつくってみよう

毎月の売上げ
□万円
手取り
□万円

ゴールは
ここ

□万円／月
□名（社）

人数：少
単価：高
期間：長

□万円／件

時給
□円

時給
□円

毎月の売上げ
□万円
くらいから
スタート

□万円~
□万円／件

□万円~
□万円／件

人数：多
単価：低
期間：短

どうですか？　ここで挫折気分になっている方もいるかもしれませんが、落ち込む必要はありません。

売れ続ける仕組みづくりは、数年かけて完成させればいいのです。

１つか２つ、商品やサービスができたら、
すぐに営業を始めましょう。

すると、「それができるなら、これもできる？」とか、「それは要らないけれど、これだったら欲しい」というようなお客様の声が聞こえてきます。
この声に応じていると、階段の上や下ができてきて、徐々に階段らしくなっていくのです。

できるところからコツコツと。
学びながら、調べながら、訪れた人の声を聴きながら、徐々につくりあげていってほしいのです。

ポイントは、そのプロセスを楽しむこと。

「うまくいかないから面白い」と思ってみてください。
そして、焦らないこと。人と比べないこと。
自分のペースで進めていきましょう。

最初は、誰もがゼロからのスタートです。
だから、**焦らなくても大丈夫。**

「広報＝コミュニケーション」しましょう

さあ、いよいよサービスのお披露目をする段階です。
ここで必要になってくるのは広報。といっても、いきなり広告を出すとか、チラシをポスティングするというものではありません。
ここでは、顧客候補との会話のことを「広報」と言っています。

相手のぼんやりした希望や課題を、自分の強みで解決できないかな～？と、会話のキャッチボールで着地点を見つけていくんです。

話しかけるきっかけは、「たとえばこんなことで、困っていない？」など、軽くボールを投げるように。
「いや、別にそれは困っていないよ」と言われてもＯＫ。
「へえ、じゃあ、どんなことに困っているの？　何も、困っていないの？」と尋ねてみましょう。

つまり、投げかけて、目線を合わせていく。
そうして徐々に相手の希望や課題がはっきりしてきたら、自分が提供できるサービスを紹介してみます。

相手もビジネスをしている人なら、**「そのビジネスを共に育てるパートナーになりたい」「関係性を構築したい」**という気持ちでコミュニケーションをとってみてください。

\ 広報コミュニケーションのシナリオ /

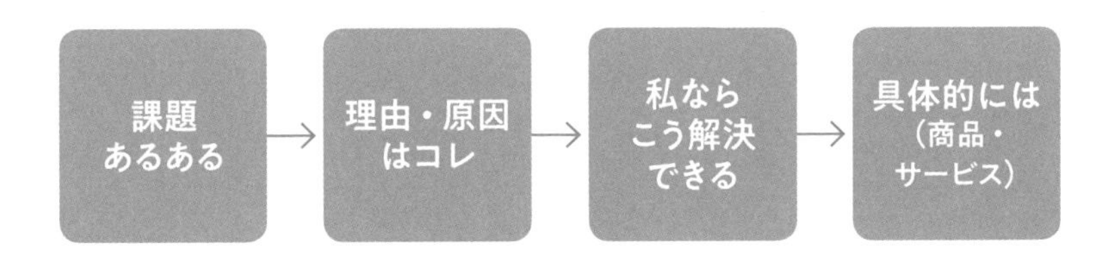

つまり、売り手であるあなたと、買い手である相手の間に良好なパートナー関係を築くプロセスが広報活動なのです。

ＳＮＳなどで上手な誘い文句をアップし、宣伝をしているようでも、実は相手のコンプレックスや危機感をあおって購入させるという手法が蔓延していますが（さらに、その手段を教えるビジネスが活況‼）、私はそういう広報活動はしたくありません。

売ろうとすると売れず、役に立とうとすると売れる。

広報とはそういうものです。

相手のコンプレックスや危機感をあおって売れたとしても嬉しくないという「真心」を大切にしたいと思います。

「コミュニケーション」という言葉の語源は、ラテン語の「他人と共に分かち合う」です。あなたと相手との間で課題や問題、モヤモヤを分かち合い、解決に向けて智恵を出し合う。それが、自宅でオンラインビジネスの広報活動です。

Chapter 5

ラクに軌道に乗せるコツ

王道のステップ5

ホームページをつくって受注する

ホームページをつくる

商品・サービスがある程度見えてきたら、紙1枚相当のホームページが作成できるPeraichi（ペライチ）というアプリを使って、自分のホームページをつくってみましょう。テンプレートに、文字を入れたり写真やイラストを設定したりするだけで、無料でホームページをつくることができます（有料テンプレートもあり）。

小中高生に向けた出張授業「未来マップ」のホームページ（ペライチで作成）を例に解説します。
https://happiness.123-coach.com/mirai-map

Point 1 トップ画像は、プロに依頼する

ペライチには無料のテンプレートもありますが、ホームページの「顔」とも言えるトップページのデザインや画像は、プロのデザイナーに発注してつくるのがおすすめです。ちなみに、こちらの画像は3万円でつくっていただきました。

Point 2 いちばん PR したい情報はトップ画像のすぐ下に

スクロールなしで表示されるところに、PR を入れましょう

Point 3 ちゃんと中身があることを情報として伝える

実績やカリキュラムなど詳細を見せる

Point 4 人の写真を使う時は、プロに撮影を依頼

ポイントは、
- 自然な笑顔
- 季節感のない服装（オールシーズン使える）
- 手の動きがあるもの

Point 5 説明文は読みやすい色。申し込みバナーは派手な色に

説明文は基本的に、白い背景に黒い文字が読みやすい

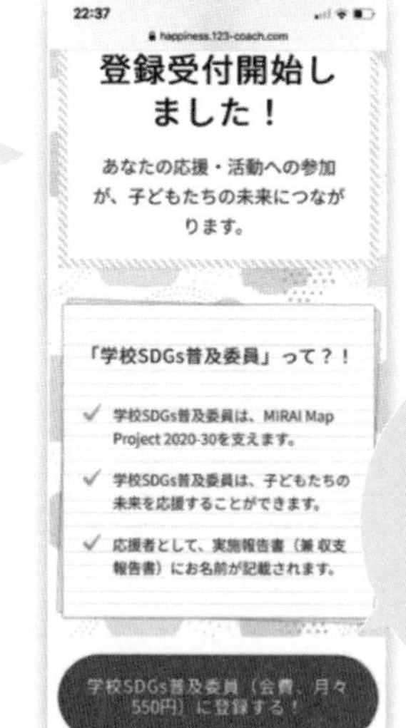

迷わずクリックしやすいよう、赤やピンクなど注意を引く色に。複数場所に配置するとベター

Point 6 第三者からの紹介も必ず入れる

フィードバックでつまずく人、前に進める人

ホームページが公開され、あなたがサービスの販売を開始すると、それを見た人からさまざまなフィードバック（反応・意見・評価）が届くことでしょう。

意外かもしれませんが、実はここでつまずいてしまいがちです。

あなたの幸せを願う人ほど、ネガティブなフィードバックをする傾向があるので注意が必要なのです。

商品やサービスについての具体的なフィードバックというより、ただ印象として感じたことを大げさにフィードバックするケースが多いのも特徴です。

そのため、フィードバックは選別しましょう。
受け入れるか受け入れないかは、あなたが判断できるのです。
ネガティブな内容のフィードバックなら、その大半はスルーしてしまえばOK。

すべてのフィードバックをまともに受け入れてしまうと、精神的にストップがかかってしまって、そこから先に進めません。
このハードルは、ぜひ起業を志す仲間や、起業をサポートするコーチと共に乗り越えていきましょう！

フィードバックの上手な受けとめ方として、優先順位をつけることをおすすめします。

①売りに関することなのか？
②商品・サービスの中身に関することなのか？
③利益に関することなのか？

まずこの3つに分けて考え、
①＞②＞③の順で優先していきましょう。

＼フィードバックの優先順位／

＼フィードバックを受けとめたら／

PDCAで回していきましょう

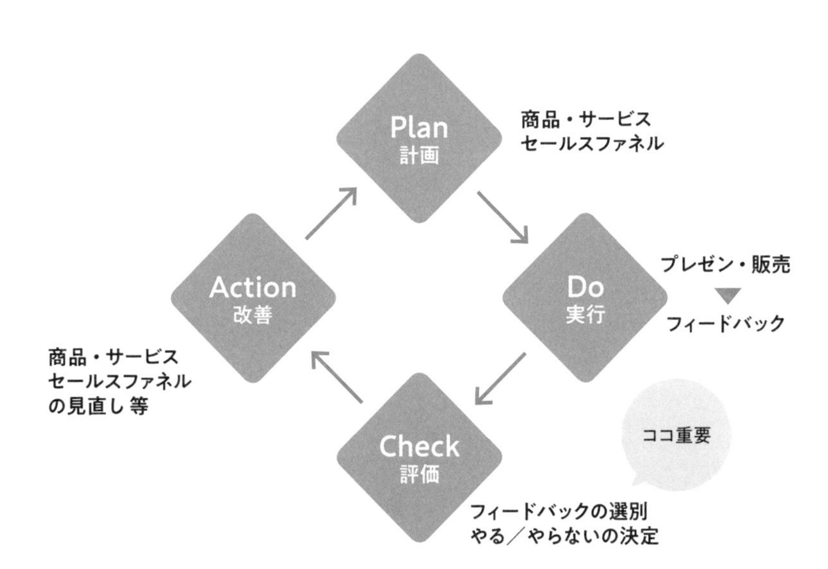

①売りに関すること

「もうちょっと、こういうのもできる？」
「こういうのがほしいんだけど、できない？」
「もう少し短い（小さい）、もう少し長い（大きい）ほうが買いやすい」

というようなフィードバックが、これに該当します。
ここには、
少し見直したら「売れる」
新しい商品が「できる」
など、ヒントがいっぱい。

何はともあれ、売れないことには始まらないので、これらのフィードバックにはしっかりと耳を傾けます。
少しでもできると思ったら“できます”と言って、
新しいメニューを作って売りましょう。

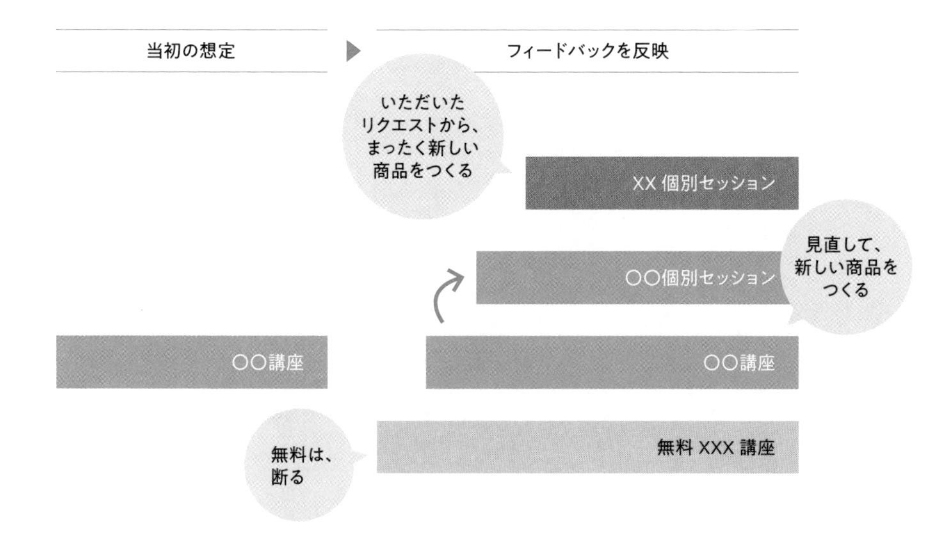

②商品・サービスの中身に関すること

「おまけをつけると、喜ばれるのでは？」
「女性向けに特化したほうがいいんじゃない？」
「中高年に需要がありそうだね」
のようなフィードバックが、これに当たります。

これらは、まともに受けると、本来あなたが提供したい商品・サービスからどんどんずれていってしまうので、注意が必要。
慎重に受けとめましょう。

③利益に関すること

「思った以上に売れた」という事実も、フィードバックとして受けとめます。

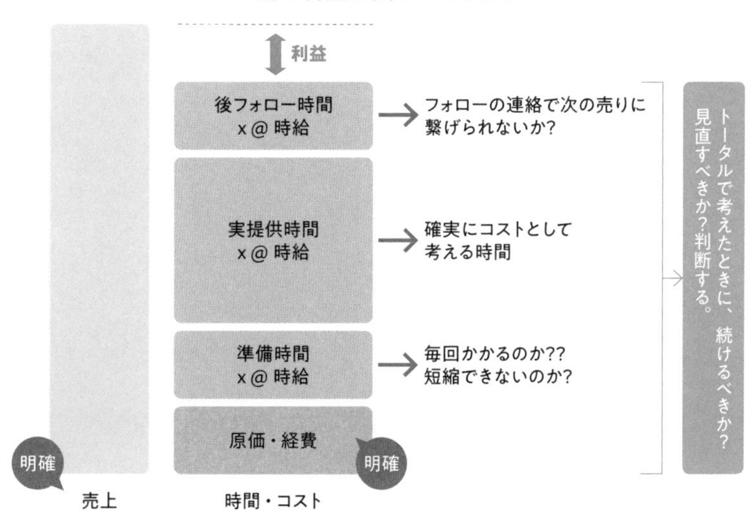

そのときは「この利益率でＯＫか？」という視点で考えてみてください。

利益の上がらない商品・サービスは、売れれば売れるほど疲弊するからです。

利益率は、業種業態によって違うものですが、自宅でオンライン起業の場合は30％くらいを目安にすると良いと思います。たとえば、売り上げが３万円だとすると、運営費20％、人件費50％、利益30％（９千円）くらいの割合です。

「一定の利益が出ているかどうか？」

もし利益が出ないようなら、値上げするなどの対応が必要になるので検討しましょう。

王道のステップ6

商品・サービスを完成させる

起業1年生から、起業2年生へ進級

商品やサービスを定型化して売れるようになったら、起業１年生の課程は修了です。

もう、ビジネスをすることへの不安や恐怖は薄れ、もっとやれそう、と自信が出てくるでしょう。

おめでとうございます！

次の段階へ進むときですね。

起業２年生の課程は、「果たしてこれで完成形なのか？」という問いから始まります。

あなたのサービスは、ある程度は完成していることでしょう。

けれども、もっと視野を広げ、顧客の視点に立ったとき、今のサービスだけでは不十分だということが分かります。

それはとても当たり前のことです。

人は幸せを感じるためにさまざまな商品やサービスを利用しながら暮らしています。あなたの商品やサービスも、その中の１つとして顧客の役に立ちますが、顧客をトータルにサポートすることまでは、まだ及んでいないのではないでしょうか。

こうした視点を得て成長していけるのも、起業の醍醐味なんです。

起業２年生では、「広い視野に立ち、顧客の幸せを第一義に考えたとき、自分にできないことをどうするか？」という問題を考えていきます。

方法は２つあります。
①努力してできるようになるか
②誰かに頼むか

たとえば、自分でホームページをつくることはできるけれど、手描きのイラストはできないとします。
もちろん、イラストの勉強をしてもいいのですが、得意な誰かにお願いするという方法がありますね。
誰かの「好き」と「得意」を掛け合わせましょう。ここからチームワークが始まります。

起業の第１ステージは「自分が動いて、なんぼ」。
自分が動くことがお金になる段階です。

第２ステージでは、チームで仕事をすることを学ぶ段階です。
それにより、
「自分が動かなくても一定の利益があがる」
ように発展させていきましょう。

チームで仕事・プロジェクト成功の鍵は?

自宅でオンラインビジネスとは、一人ひっそりと孤独に仕事をすることを指すものではありません。

孤独とはむしろ逆で、仲間の存在が不可欠です。

多くの場合、自宅でオンラインビジネスは、ひとつの仕事を、プロジェクト・チームが力を合わせて遂行します。いくつものプロジェクトを同時進行させることもよくあります。

ですから、頻繁にチームメンバーとコミュニケーションをとることになり、これがまたとても楽しいのです。

予算がたっぷりあって、チームを率いるリーダーがいるプロジェクトなら言うことなしですね。

けれども、自宅でオンラインビジネスをする者同士のプロジェクトは、概して予算がなく、リーダーも不在という場合が多い、というのが特徴です。

それでもみんなノリノリで、「やってみよう！」「つくってみよう！」と、文化祭のように楽しみながら仕事をしています。

ノリで仕事をする、それしかない。

ということは、最初は何も決まっていないし、何も分からないし、無報酬だということです。

最初に予算ありき、リーダーありきで仕事をしてきた人にとっては、この働き方に慣れるまでに少し時間が必要かもしれません。

プロジェクトチームはたいてい、誰かの紹介とか、飲み会で意気投合したとか、ほんの些細なきっかけから始まります。

「こんなこと、できたらいいね」

「できるんじゃない？」

「やってみようか」

すべては縁起、縁によって、起こります。

うまく進める工夫として、隔週で定例ミーティングを設けることをおすすめします。

月に２度くらい、30分から１時間のミーティングを行うようにしてみましょう。

その際の３大ルールは、

①事前に議題を決めなくてもイイ
②特に議題がなくても、約束の時間になったら集まる
③ミーティングには参加してもいいし、参加しなくてもいい

つまり、集まれるメンバーだけ集まって「雑談」をすればいいのです。

ひたすら、これを繰り返します。すると自然に、いつも参加する人、ときどき参加する人、一度も参加しない人の３つのグループに分かれると思います。

これが、そのプロジェクトに関わるメンバーとの距離のとり方をはかる目安となります。

いつも参加するメンバー同士の間で、具体的なアクションが自然に起こるはずです。

焦らず、自然に起こるのを待ってください。

根気が必要ですが、プロジェクト発生から自然とアクションが起こるメカニズムを活用することが、自宅でオンラインビジネスを成功させる要なのです。

アメリカのロバート・グリーンリーフ博士が提唱したリーダーシップ哲学に、「サーバントリーダーシップ」と呼ばれるものがあります。

サーバントとは、「奉仕者」や「使用人」という意味です。

自宅でオンラインビジネスを行なう者同士がチームとなってプロジェクトを遂行するとき、リーダーシップを発揮する人がやっているのは、「奉仕者」や「使用人」がすることと似ています。

たとえば、

- **ミーティングの日程が近づいたらリマインドをする。**
- **ミーティングが終わったら、動画を共有する。**
- **共有フォルダの中に収めたファイルを整理する。**
- **みんなが動きやすいように場を整える。**
- **居心地よく、雰囲気がいい場をつくる。**

リーダーが指示命令を出して、メンバーを動かすのではなく、メンバーが自ら動きやすいように、リーダーが場を整えるのです。
こうすることで、主体的に動くプロジェクトチームをまとめ、成果を出すことができます。

リーダーとメンバー各人は、対等な関係です。縦ではなく横に繋がるチームです。
チームメンバーそれぞれが自分の強みを活かしながら（それぞれの弱みをフォローし合いながら）、みんなでつくり上げていきます。

こういう働き方に早く慣れて、自分本来の元気を取り戻してくださいね！

重要ポイント

1. 自宅でオンラインビジネスは、
多くの人と繋がることによって成り立つ。

2. やってみよう！から始まるプロジェクトは、
最初はみんな無償ボランティア。

3. 隔週ミーティングを、定期的に
ゆるく開催することでチームがまとまる。

4. サーバントリーダーシップが、
自宅でオンラインビジネスに向いている。

5. 縦つながりから横つながりへ、と
働き方を変えよう。

時流を読んで、時流に乗る

ビジネスはタイミングだ！

そう言って過言ではないほど、仕事の成否はタイミングに左右されます。

「時流」に乗って絶好のタイミングに恵まれると、フワッと上昇気流に巻き込まれるように、ビジネスが軌道に乗ります。驚くほど高みに昇ることもあります。

2020年にはコロナ禍があり、さまざまな方面で風向きが変わりました。

特に、テレワークが推進されたことで、働き方改革が大きく進みましたよね。

家族の形や消費行動にも大きな変化がありました。

従来の価値観ややり方が通用しなくなり、今後は、2020年以前には想像もできなかったビジネスが次々と出現しては隆盛し、一世を風靡するでしょう。

世の中のさまざまな動きを見て、「脅威（やばい！）」と捉えるか、「機会（やったー！）」と捉えるかは自分次第です。常に「ピンチはチャンス」の気持ちで、時流を捉えていきましょう。

ワーク

どんな風が吹いている?それはどんなチャンス?

どんな風が吹いている?

それは、どんなチャンス?

Chapter 6

自分ビジネスが花咲く社会に、幸せな未来がある

誰もが幸せに生きていける未来をつくろう

私は、未来にとても明るい展望を持っています。

働き方・生き方改革が大きく前進し続けるので、人は住む場所と働く時間に縛られなくなるでしょう。

もう誰も満員電車に乗らなくなり、上司の理不尽な命令に従う必要もなく、定時まで我慢して会社にいる必要もなくなります。

朝早く、まだ子どもが寝ているうちに家を出て、ようやく帰ってきたら家族はもう寝静まっている。土曜日は自宅で仕事を片付けて、日曜日はゴロゴロ休息。そして、また月曜日が始まる。
そんな生活とはキッパリおさらばできるのです。

働くのは１日４〜５時間、週に３〜４日で十分で、それで誰もが幸せに生きていける未来がやってくるのです。

最高ですね！

オンラインの商店街に出店して共存共栄

とある田舎を車で走っていて、信号で止まったときに感じた違和感。それはもう10年以上前のことなのに、私は今も忘れられません。

すごく田舎だったのに、交差点の両側に大きな家電量販店が２軒もあったのです。

信号の右側にある店と左側の店がライバル同士であることは、一見して分かります。どちらの店も、壁に大きく「最安値に挑戦‼」と掲げています。

「他社よりも１円でも高かったら…云々」と書いてありました。

右の店に行った人が、価格をメモして左の店に行く。左の店に行った人も同じことをする。

「それって、幸せなんだろうか？」

人生の目的は幸せになることだと考える私にとって、不思議でしかたない光景でした。

売り場にいる店員さんたちも、商品を卸しているメーカーの人も、消費者も、同じように疑問を感じているだろうと思うと、胸が苦しくなります。（疑問を感じていないとしたら、もっと苦しい）

他店よりも１円でも安く売ることがビジネスだ、と学んでしまうと、起業がとても難しく感じられます。

「他店よりも安く、他店よりもよいサービスでなくては生き残れない」という思い込みを持つと、何をやってもうまくいきません。

では、どうしたらいいのでしょう。
交差点の左右にある２店舗は共存共栄できるのでしょうか。

答えは、簡単です。
「隣の店で買えないもの」を置けばいいのです。

この「隣の店で買えないもの」を置くというのは、量販店では難しくても、自宅でオンラインビジネスをする場合は容易です。

あなたは、世界中どこを探しても一人しかいないので、他者と競合することはありません。

あなたの競合相手は、存在しないのです！

だから、安さで勝負する必要もないし、他者より１円高いと文句を言われることもありません。

「あなたから買いたい」「あなたに相談したい」「あなたがすすめるなら」という理由で買ってもらえるのです。

イメージしてみましょう。小売り商店が軒を連ねる商店街の賑わう光景。そして、街の至るところに市場がある様子を思い浮かべてみてください。

自宅から徒歩圏内に、肉屋さんが２軒あるとします。

片方は手作りコロッケが人気で、もう片方はおまけをつけてくれるなどサービスがよいと評判です。
両店それぞれが特徴を打ち出し、共に繁盛しています。

このようなお店が集まる商店街に、あなたも出店しましょう。

インターネットがなかった時代には、どんなお店も商店街も、立地によって商売を左右されましたが、インターネットのある現代は、土地も店舗もなしに、オンライン上に自由に出店できます。

インターネットの世界ではすでに、ありとあらゆる業種のお店が軒を連ねています。

ホームページ作成屋さん、コーチ屋さん、インテリアデザイナー屋さん、ライター屋さん……。これから自宅でオンラインビジネスを始める、あなたの先輩たちです。

インターネット上の商店街に出店すると、数多くのメリットが得られます。

たくさん人が集まるサイトは、人気の商店街です。
魅力的な店がいくつもあるので、絶えず人で賑わっています。
そこでは、ライバル店など存在しません。A店が流行っているからB店にも人が集まり、商品が売れていきます。
そこではみな、共存共栄なのです。

オンラインだからこそ、異業種の人、異なる国の異なる文化の人、異なる年代の人ともフラットに繋がることもできます。

「飼っている猫の話で盛り上がって」とか、「嵐のファンということで意気投合して」というように、ちょっとしたきっかけで繋がりができ、次第に強い繋がりになっていきます。

オンラインならば、頻繁に交流できます。

オンライン商店街の商店主さんは世界各国に住んでいますが、ネットを使えば毎日だってミーティングすることができるのです。

コミュニケーション不足によるすれ違いが起こりにくく、短時間で、密な関係を築くことができます。

オンラインだからこそ、いい距離感が保てるというのも魅力です。

世界中いろいろなところに暮らしている商店主さん同士が、実際に顔を合わせることはまずありません。

街でばったり会ったり、子どもが同じ学校に通っていたりすることもないのです。

オンラインだからこその自由で気軽な感じが、私はとても気に入っています。

重要ポイント

1. 安さやサービスで勝負するのがビジネスだ、
という思い込みは怖い。

2. 「あなたから買いたい」と言われるようになれば、
ライバルはもういない。

3. バーチャルな世界につくった商店街では、
すべての店が共存共栄できる。

4. オンラインだからこそ、
実際に会わなくても強い繋がりがつくれる。

5. オンラインで繋がった相手とは、
街でばったり会ったりしない。
ちょうどいい距離感が保てる。

ワクワクしないことは
ワクワクする人にやってもらって、
みんなで輝こう

私が最近はまっている古民家の改修に「起業のノウハウが役立っている！」と感じることがあるので、ここでちょっと紹介させてください。

2020年4月、縁があって岐阜県恵那市岩村町に、築270年の古民家を会社で取得しました。それまで空き家だった期間が長いので、とても住める状態ではなく、まず何から手をつけていいのか分からないほど荒れた状態でした。

もちろん、プロにお任せすれば美しくリフォームしてもらえると分かっていましたが、仲間と共に「できるところまで自分たちでDIY（Do It Yourself）、つまり自分たちでやってみる」ことにしました。時間はたっぷりあるし、面白そうだから、と思ったのです。

まずできることは掃除です。
とにかく掃いて、拭いて、片づけました。
頭から埃をかぶり、全身真っ黒になっての作業は大変でした。

次にできることは、壁と床の補修でした。
これはYouTubeを見たり経験者に教えてもらったりしているうちに、だんだんコツを覚えました。
それに、最近はホームセンターが資材のカットやトラックの貸し出しなどもしてくれるので、本当に便利！
床、壁、天井の補修のしかたが分かると、一気に改修が進んでいきます。

次の段階は、トイレ、電気、屋根、外装……。このあたりから、「DIYはここまでで終わり」という「一線」が見えてきました。

そこで初めて、プロに相談したのです。

「ここまでは、自分でやりました。ここから先に進めないので、相談に乗っていただきたい」

このように、**調べながら、人に聞きながら、自分にできる形にアレンジして、とにかく一歩一歩、コツコツと進む。そして、一線を越えたら外注する。**

こういう流れは、とても起業に似ていると思うのです。

自分でできることは、自分でする。
自分ができないことは、誰かに頼む。

自分でする範囲と、人に頼む範囲を切り分けるのです。

切り分け方のコツは、
「ワクワクしないことはやらない」
とルールをつくっておくことです。

みなさんにも、「できるけどワクワクしないこと」と、「そもそもできないこと」があると思います。
たとえば、「経理はできるけれど、時間をとられるのは嫌だ」というように、できるけれどやりたくないというケースもあれば、「数字を見ると眠たくなるし、つい後回しにしてしまって、期限に迫られてキツイ思いをするので嫌だ」というように、そもそも向いていないというケースだったり。いずれの場合も、あなたがワクワクしないことならば。他のワクワクする人にお願いしてみてほしいのです。
「ワクワクしないことも、仕事だからするのが当然」
という考えは、もう捨ててみましょう。

人は誰でも、活躍するにふさわしいステージを持っています。自分が主役になれるステージです。

そのステージに立ったとき、その人は最高のパフォーマンスを発揮して、最も社会に貢献できるのです。

人によって、ステージは違います。
そのステージに立つととても楽しい、最高のパフォーマンスができる、輝く‼ と思う場所が、あなたのステージです。

自分がワクワクしないことを人に頼む際には、決して値切らず、正当な価格を支払ってください。
手伝ってくれてありがとう、いい仕事をしてくれてありがとう、と感謝の気持ちをもって支払いましょう。

あなたが支払った対価は、その人の売上げになります。

つまり、誰かに仕事をお願いするということは、その人のビジネスを応援するということなのです。

こうやって、自宅でオンラインビジネスをする人同士が仕事とお金を循環させると、オンライン上の商店街はますますにぎわっていきますよ。

重要ポイント

1. 「自分にできること」と「人にお願いすること」の切り分けが上手、というのも起業家の特徴の一つ。
2. とりあえずできるところから始めてみると、前に進める。
3. あなたがワクワクしないことも、誰かにとってはワクワクしながら活躍できるステージ。
4. 外注費を支払うということは、その方の起業を応援するということ。
5. 外注するときは、値切らない。感謝の気持ちで対価を支払う。

目の前にいる人を喜ばせて、ワクワクする。それが自分を活かすということ

自宅でオンラインビジネスをしていると、ワクワクする感覚や、ちょっとした違和感がとても大事だと思うようになります。

遠足や修学旅行の前の晩はワクワクして眠れなかった。デートの待ち合わせ時間が刻一刻と迫ってくるときのワクワク感。

それがどんな感覚なのか、誰もが経験して知っているでしょう。

これまでに何度となくワクワクしたことがあるはずなのに、いつしか、その感覚を忘れてしまった、分からなくなってしまったという人は意外と多いのです。

ワクワクを取り戻すには、頑張ることをやめること。

頑張らないようになると、ワクワクが戻ってきます。

「小１起業家　～900円借金して、コーヒー屋を家庭内起業～」

最近、私はこんなニュースを見かけました。

小学１年生の子が、自分の家にコーヒー屋さんを開いて、起業し

たのですね。

この子は頑張って起業しようとしたのでしょうか？
いいえ、きっとワクワクしてコーヒー屋さんを家庭内に開店したのだと思いませんか？

ワクワクする気持ちさえあれば、子どもでもシニアでも起業家になれるのです。実際、自宅でオンラインビジネスをするのに年齢制限はありません。

ワクワクしたら、やってみる。
違和感を覚えたら、やめてみる。

この単純すぎる判断ができる人なら、起業家として成功します。

あなたは今、何にワクワクを感じますか？
そして、どんなことに違和感を覚えるでしょうか？

ワクワクをたくさん取り入れ、違和感からはできるだけ遠ざかる。というようにマインドセットするといいですね。

私の場合は、「ワークショップやセミナーを行い、参加者の方に、目の前で喜んでもらえた」という出来事があると、最高にワクワクします。それが、ほぼ毎日のように起こります。
自宅でオンラインビジネスは、毎日がワクワクの連続です。

お金の上手な使いかた

お金と上手につきあっていくことも大事です。いつもワクワクして生きるために、自分を活かすために、お金に対する意識をよい方向に変えていきましょう。

覚えておきたいのは、ただ一つ。
お金は「稼ぐ」よりも「使う」ことの方が難しい、ということ。

えっ!?　稼ぐよりも使うほうが難しいの？　逆じゃない？　と思ったでしょう。

でも実はお金って、上手に使うことができれば、それほどたくさん稼がなくてもいいんです。
私たちはそれで十分幸せを感じることができるのです。

使い方が下手だと、いくら稼いでもまったく残らないばかりか、借金が膨らむということもあります。

自宅オンラインビジネスで必要とされるのは、いたってシンプルかつノーマルな金銭感覚です。
締めるところは締め、使うときには使う。
それだけです。普段の生活が赤字にならない人は、自宅オンラインビジネスを始めても赤字にならないでしょう。

重要ポイント

1. ワクワクを取り戻すには、
頑張ることをやめること。

2. とりあえずできるところから始めてみると、
前に進める。

3. ワクワクしたらやってみる。違和感を覚えたら
やめてみる。単純すぎる行動判断でいい。

4. お金は稼ぐよりも使うことのほうが難しい。

5. 起業家は、月次決算を赤字にしない生活感覚・
金銭感覚を持つことがとても大事。

「きれいごと」で生きられる時代がやってきた

自宅でオンラインビジネスでは、世界中にマーケットが広がっています。
外国の方とやりとりするには、「言葉の壁」というものがまだありますが、すぐれた翻訳ソフトがどんどん開発されているので、そうした「壁」もいずれはなくなるでしょう。

土地に縛られず、高い家賃を支払う必要もなく、世界を相手にビジネスができるのは、本当に素晴らしいこと！

好きなことに集中して、魅力ある商品やサービスを生み出し、それが誰かの役に立つことで、社会貢献ができるのです。

それに、事業内容は同じでも、リアルなオフィスや会場を構えてビジネスをする場合と、自宅でオンラインビジネスをする場合とでは、かかる経費が格段に違います。

私が身を以て経験したことを元にお話ししてみます。

10年前は本社オフィスとして、名古屋の伏見（名古屋駅から一駅、商業地域）にテナントを借りていました。加えて東京にも、品川駅から徒歩10分のタワーマンション内に事務所を置いていたので、家賃は合わせて月に80万円でした。

当時のクライアントは主に、東京に本社を置く上場企業です。
私の会社は従業員13名で、対面営業、対面コンサル、対面研修を提供していました。

資本金は1500万円、月のキャッシュフローは1000万円。

当時の私の夢は会社を大きくすること、でした。年に数回、骨休めに温泉旅行に行く休日を除き、360日働いていました。

現在の私の会社「ひふみコーチ株式会社」は、社長が1人（私）、社員は0名、資本金123円の株式会社です（資本金123円というのは、誤植ではありません）。

事業内容は10年前とほぼ同じですが、コーチングをベースにした6つの事業を展開しています。

事業ごとに運営メンバーを外部から募り、この方法で仕事は順調に回っています。

事業はすべてオンライン運営です。

スタッフは多種多様で、日本、アメリカ、ドイツ、カナダ、ニュージーランドなどに居住しています。スタッフ同士が密に連絡をとりあって連携していますが、実際に会うことは滅多にありません。

クライアントも多種多様で、企業もあれば個人の場合もあり、20カ国以上の方が参加されています。

オフィスなし、社員なし、一人社長のグローバル企業。

休日は、年に3か月くらい海外や国内を旅しています。

感覚としては「とにかく自由」！

とにかくすべてが変わりました。

時間の余裕は10倍、ストレスは10分の1。

すべて、自宅でオンラインビジネスのお陰です。

そして今の夢は、**あらゆる人の一番の幸せを探求すること。**

10年前は、オフィス経費や、社員への給与が重くのしかかり、「幸せな人を増やしたい」などと夢見心地の"きれいごと"は言っていられませんでした。

自宅オンラインビジネスにシフトしてからは"きれいごとビジネス"を、遠慮なく追求できるようになったのです。

誰かの役に立ちたい。
誰かを喜ばせたい。
社会に貢献したい。
地球の美しさを五感で受けとめながら生きたい。

そんな夢が、自宅オンラインビジネスで叶います。
ビジネスの世界で、きれいごとが通じるようになったのです。
私たちは、
きれいごとで生きられるようになったのです。

私の他にもこんな方々が、きれいごとビジネスを展開しています。

そのおひとりが、「一般社団法人 IKKA（いっか）」の代表、久保雅美さん。『一人一人が持つ「花」を見つけて、咲かせる』を理念に掲げ、ダウン症のある人たちの「強み」や「よさ」を活かしながら、彼・彼女らが自分らしく輝いて活躍できる場を広げることを目的に、団体を設立しました。

寄付や助成に頼るのではなく、**ダウン症のある人とその家族を「まなぶ」「はたらく」「くらす」という3つの事業でサポート**し、事業として展開しています。

そのユニークな活動の中でも特に注目なのは、ダウン症児の親向け連続講座（オンライン）を開催していることです。

講座名は「ダウン症のある人のライフコンパス～我が子のための羅針盤を持つ～」。こちらは、2019年に始まり、第1期～3期を合わせると約80名の方が受講されました。

他にも「会員制オンラインサロン」を開講するなど、積極的に事業展開しています。

IKKAの魅力は、とにかく明るいこと。

「ダウン症のある人が家族にいることで感じられる幸せは、たくさんある」「この幸せをいろんな場所にお裾分けしよう！」というのがIKKA立ち上げメンバーのモットーです。

明るさが溢れていますね。

IKKAの成功要因、その一つは「Zoom」を使ったことだと私は思っています。

オンラインサロン（1100円／月）に加入すると、会員価格でサービスが受けられます。

障がいのある子どもの親は、参加したいセミナーや集会があっても、家から出づらく、特に遠くまで出かけるのは困難です。留守中に子どもを預かってくれる人を探すのも大変です。

でもZoomを使ったオンライン集会ならば、自宅を離れることなく、気軽に参加できます。

IKKAが目指しているのは、日本中の、現状を何とかしたい親たちがつながり、応援しあえる場を作ること、またダウン症のある本人たちの選択肢を増やすこと。

その実現に向かって、オンラインでサービスを提供しています。

もうひとつご紹介したい例は、ニューヨーク郊外在住でコロンビア大学院卒業の医学博士・臨床心理士、松村亜里さんによる「ニューヨークライフバランス研究所」です。
「あなたの幸せが、幸せな世界を創る」を理念に掲げ、2013年に研究所を立ち上げました。

研究所の事業として軸にしているのは、**人生（子育て、パートナーシップ、キャリア）と社会（企業、教育、医療、スポーツ）に幸せを科学的に研究する「ポジティブ心理学」を活かす方法を、日本人向けに教える**、ということです。
亜里さん自身がニューヨーク在住ということもあり、「海外からでも、日本向けにここまでできるんだ！」という、よいお手本となるような、素晴らしいビジネスモデルです。

亜里さんが学者っぽくないところも魅力です。
たとえば
- 難しいことを簡単に、分かりやすく伝える技術がある
- 新しいコンテンツをどんどん投入し、スピード感がある
- 受講しやすい価格設定にしている
- ファンの心をつかんで離さない、面白いメルマガを発行している

など、そのマルチな活動と底知れぬパワーには、どんな敏腕ビジネスパーソンもタジタジです。

大きく成功した一番の要因は、2019年に完全にオンライン、そしてストック型に切り替えたことでしょう。

亜里さんのビジネスの始まりは2013年。
「困っている人の役に立ちたい」という気持ちが大きく、まだ自分のサービスの適正価格がわからないまま、カウンセリングを1時間6000円で行っていました。

また、手作りのお菓子とコーヒーを自ら用意して、友達10人を集め、1人20ドルの受講料で、全5回の子育て講座を、幼稚園の屋根裏部屋で開いたのです。

参加者10名からスタートしたこの講座がとても好評で、回を重ねるごとに参加人数が増え、人気の講座となっていきました。

おかげで仕事は増えたものの、そこから2018年までの5年間は、とても忙しいのにお金にならない（やってもやっても収入が増えない）状況が続きました。

亜里さんは、家族との時間や自分を犠牲にしても、頑張っていました。活動は日本にも広がり、ニューヨークと日本を行ったり来たり。しかし無理が募って、疲れきっていったのです。

ちょうどその頃、亜里さんは私（起業ひふみ塾）と出会ったのでした。そして、2019年8月から、講座を完全オンラインに切り替えたのです。

対面での講座は、その場限りの労働集約型ビジネスです。それをオンライン講座に切り替えると、「すべての講座を録画して、編集して、二次利用できる」ようになります。

亜里さんもこれを実行しました。

講座の録画をストックすることで、オンラインサロンのサービスが充実しました。

個人カウンセリングは、現在1時間200ドルの価格設定にしていますが、希望者は多く、こちらの時間を増やすと、どうしても自身が忙しくなり、多くの人へ向けたサービスがしにくくなってしまうため、今は特別な機会のみにしているそうです。

こうして亜里さん自身の負担は減り、その一方で、収入は上がっていきました。

住んでいる国や地域に関係なく、どこからでも情報発信することができる時代です。

オンラインサロン開催×ストックしたコンテンツの配信により、それほど手間をかけずに収益を上げることができるのです。

この亜里さんのサロン運営方法についてはP182でも詳しくお伝えします。

重要ポイント

1. 土地に縛られないビジネスが、あなたの目の前にある。
2. わが社は、社員ゼロ、オフィスゼロ、資本金123円、クライアントは20か国以上に及ぶ。
3. オンラインビジネスでは、理念を遠慮なく追求できる。だから、どこまでも可能性が広がる。
4. 世界中で暮らす「あなたを待っている人」と繋がってみよう。
5. ビジネスで、“きれいごと”が通じるようになった。

時代は、ソーシャルビジネスへ

右肩上がりで経済が成長する時代は終焉し、変化が激しい時代を迎えて久しい……。

ということは、先ほどの"きれいごとビジネス"もそうですが、**今必要なのは、従来型の「株主の利益を追求する」経営ではなく、「新しいビジネスの形」でしょう。そして現実に、新しいビジネスがさまざま台頭してくるのではないでしょうか。**

2006年にノーベル平和賞を受賞したムハマド・ユヌス博士の提唱する「ソーシャルビジネス」に、私は強い共感を覚えています。

営利でも非営利でもない、第三の形の会社。
寄付や助成に頼らない自主事業を持ち、
会社の存在目的である、
社会をよくすることを実現します。

日本では、経済産業省がソーシャルビジネスについて**「社会性も事業性も高く、さらに革新性も高いビジネス」と位置づけ**、これからのビジネスの形として推進しています。

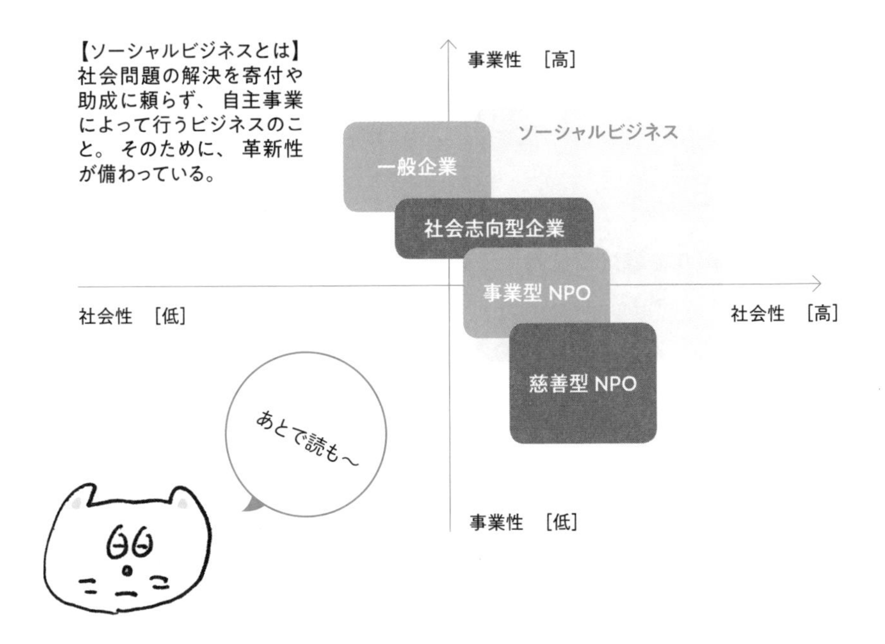

では、どんなビジネスが、ユヌス式ソーシャルビジネスなのでしょうか？　7つの原則があるので、ぜひ参考にしてみてください。

ユヌス式ソーシャルビジネス7原則

1 事業の目的は利益の最大化ではなく、
　社会課題を解決することである。
2 財務的、経済的な持続可能性を実現する。
3 投資家は投資額を回収する。
　しかしそれを上回る配当は還元されない。
4 投資の元本の回収以降に生じた利益は、
　ソーシャルビジネスの普及とよりよい実施のために使われる。
5 環境に配慮する。
6 雇用者はよい労働条件で給料を得ることができる。
7 楽しみながら取り組んでいく。

多くの方はきっと、「こんな理想が叶う事業なんて、滅多にないんじゃない？」「自分の商品やサービスでは、どうやって実現したらいいのか分からない」と思いますよね。

でも、現実にできるのです。ここで、一例をご紹介しましょう。
「あらゆる人の一番の幸せをさがそう」にビジネスの目的を置く私の会社は、2020年に「ユヌス・ソーシャル・ビジネス・カンパニー」の認定を受けました。

主となる6つの事業のうち、3つは営利事業で、3つは非営利事業です。私はこの6つの事業が「1つのファミリー」だと思って経営しています。つまり、稼ぐ人が3人、稼がない人（使うばかりの人）が3人の、6人家族だと思っているのです。

稼ぐ人が偉いわけでもないし、
稼がない人がダメというわけでもない。
一家全体の経営が赤字にならなければいいのです。

私の会社の場合、お金をどんどん使うばかりの事業とは、公立の小中学校に出張授業を届ける「ひふみコーチ for school（MIRAI Map）事業」です。
年間1万人以上の小中学生が授業を受けてくださっていますが、そこで使うワークブックはすべて無料で提供しています。

さらに、講師が全国の学校を回ったり、季節ごとにイベントを行ったりしていますが、多くの場合は持ち出しです。この事業に関しては、稼ぐ気持ちは一つもないばかりか、むしろ利益が出たらこの事業に貢ぎたい‼　この事業に、他の事業で得た利益を回せる会社でありたいと思っています。

逆に、稼ぐ事業もあります。それはプロコーチ養成講座です。
講座はすべてオンラインで行っているので、運営コストがかからない分、他社よりもお値打ちな受講料ではありますが、この事業は、しっかり利益が出ます。

トントン、という事業もあります。「こども塾」や「生きがい研究員」などがそれにあたります。
こども塾は、自分の頭で考えられるように、生きがい研究員はミドルシニアのキャリアチェンジに貢献できる事業として、将来に向けてゆっくり育てていくため、収支はトントンでOKとしています。

こうして、寄付や助成に頼らず、自主事業で社会に貢献する弊社の経営を、ソーシャルビジネスカンパニーとして認めていただけたことは、大きな励みとなりました。

前述のムハマド・ユヌス博士は、
「ソーシャルビジネスは、アートである」
「起業家は、アーティストである」とも語っています。

私たちは、自分の夢をビジネスとして表現する
アーティストなのです。

人の数だけビジネスの形はあります。
次からのページで、さまざまな社会起業家の例をご紹介しますので、それをヒントに、みなさんも**ソーシャルビジネスで“わたし”という花、咲かせませんか？**

社会起業家は支持され、生き残れる

毎年10月に、「コモンズ社会起業家フォーラム」(コモンズ投信主催)が開かれています。

毎回11名の社会起業家が登壇し、社会課題に取り組む様々な事業に出会えるフォーラムです。

2009年に始まったのですが、2020年現在、フォーラムに登壇した社会起業家132名、1人7分間のプレゼンテーション動画がホームページにあります。

NPOのみならず株式会社で運営する事例など、ソーシャルビジネスに興味のある方は、ぜひ見てみてください。

[社会起業家プレゼン動画一覧]
https://www.commons30.jp/fund30/entree.php

上記フォーラムを担当するコモンズ投信の社員・馬越裕子さんはこう語っています。

「社会起業家は、折れない心が半端ない」

社会起業家が進んでいくのは、道なき道であり、大変なことが山のようにあるイバラの道で、傷だらけになりながら、突然崖に落っこちたりすることもあります。それでも必ず這い上がってくるのが社会起業家の特徴のひとつ、なのだそうです。

というのも、10数年も同じフォーラムを続けていると、中には事業をやめてしまう人が出てきそうなものですが、そういう例はほとんどないのです。

なぜでしょうか？

ソーシャルビジネスは「短期間で稼ぐ」ことを主眼を置かず、「持続可能な（長続きする）ビジネス」であることに重きを置いているからです。

長い目で見れば、収益性もあり、だからモチベーションを保てるし、心が折れることもなく、長く続けられるのです。

そんな「幸せな事業づくり」をしています。

また、ここ数年の世界的な変化として、SDGsやESG投資が挙げられますが、これは不可逆の流れであると、みなさんも大いに感じていることと思います。

となるとビジネスも必然的に、ひたすら利益を追求するのではなく、ソーシャルビジネスが主流になってきます。

逆に、これからはソーシャルビジネスじゃないと、支持されない、生き残れない、のではないでしょうか。

そのようにして継続していく自分のビジネスが、世の中に広がれば広がるほど、社会がよくなるって、素晴らしいことですよね。

次ページのワークで、みなさんも一緒に考えてみませんか？

ワーク

ソーシャルビジネス・3つの問い

ソーシャルビジネスを構築するために、
時々、 次の3つの問いに立ち返ってみてください。

1. あなたの事業は、 どのような社会問題を解決しますか?

2. 財務的、 経済的な持続可能性を、 どうやって実現しますか?

3. 楽しみながら取り組むために、 どんな工夫ができるでしょう?

ゆくゆくは、サブスクリプション方式のサービスを立ち上げよう

シェアカー、シェアオフィス、シェアハウスなどに見られるように、ものを所有することよりも、持たずに利用することに価値が感じられる時代になりました。

オーナーシップからユーザーシップへと、時代は移り変わっているのです。

そうした事業のうち、安定収益を生み出すビジネスモデルとして注目されているのが、サブスクリプション方式（略して「サブスク」）。

会員になった人には毎月決まった額で、いくらでもサービスや商品を提供するというビジネス形態です。

月々1000円くらいで、映画やドラマや音楽を好きなだけ、しかも自宅で楽しめるなんて、一昔前にはあり得なかった話です。そんな夢のようなサービスを私たちは得られるようになりました。

大手企業がこぞってサブスクを市場に投入し、具体的な事例が各分野に出揃うようになりました。

『サブスクリプション2.0 衣食住すべてを飲み込む最新ビジネスモデル』（日経クロストレンド 著／日経BP 刊）という本に、企業各社の成功例や失敗例が詳しく紹介されています。

「サブスク」を取り入れたオンラインサロンにも注目が集まっています。

その一つが、西野亮廣さん（漫才コンビ・キングコングのツッコミ担当、絵本作家としてのペンネームはにしの あきひろ）が主宰する「西野亮廣エ

ンタメ研究所」。会員登録をして月額1000円を支払うことにより、オンラインサロンに参加することができます。
そこで西野さんが考えるエンタメの未来や、現在とりかかっているプロジェクトについて語り合ったり、作戦を練ったりすることもできるそうです。現在、6万人以上の会員がいるとのこと。

このビジネスモデルを、自宅オンライン起業の私たちも取り入れることができます。むしろ自宅オンライン起業の私たちこそ、実はこのモデルの主役なのです。

オンラインサロンの方式を取り入れる

「サブスク」「オンラインサロン」と聞くと、なんだか自分とは遠い世界のことのように感じるかもしれませんが、リアルな生活の場では昔も今も、定額制サロンでサービスや商品を提供するビジネスがたくさんありますよね。

たとえば、そろばん教室や学習塾がそうです。フィットネスジムだって、定額で通い放題のプランがあります。私たちは昔から、ユーザーとしてサブスクに親しんできました。

従来型のサブスクを提供する事業者は、会場となる場所に人を集めるための労力と資本力が必要でした。
会場費や人件費が毎月かかるので、参加者が集まらないと赤字になります。
参加者を集めるために、膨大な広告宣伝費を使わなければなりません。

また、従来型のサブスクは会費の回収にも手間がかかりました。そろばん塾や学習塾はたいてい、月謝袋を生徒に持たせていました

よね。みなさんも、そんな懐かしい思い出がありませんか？（親に内緒で月謝を使い込んじゃった！とか・笑）

今は、自宅でオンラインを使ってサロンを開催することができますから、会場費は不要です。また、クレジットカードで会費の回収ができるので、運営はとても簡単です。

オンラインサロンならば、物理的な距離の制約もありません。
どこに住んでいても、サロンに参加してもらうことができます。
集客しやすく、会費回収などのシステム構築もしやすいので、小規模事業者にとって、とても大きな可能性を含んでいます。

たとえば、あなたがとてもマニアックでニッチな趣味を持っているとします。ニッチであればあるほど、リアルな会場に仲間を集めるのは難しいものです。

でも、ひとたびオンライン上に会場を開設すると、ニッチであればあるほど、「こういうのを待っていました、探していました！」という強烈なファンが世界各地から集まってきます。

このやっと「出逢えた！」という感動は口コミで広がり、サロンの規模拡大と継続に繋がっていきます。

サブスク・オンラインサロンの運営方法

私自身は、2017年1月にサブスクモデルのオンライン起業塾「起業ひふみ塾」（月謝8千円）を始めました。それから3年と8か月が経過した今、135名の塾生が在籍し、塾生同士のネットワークが活発に動いています。

私を含め4名のファシリテーターがいて、広報が2名、そして事務スタッフが1名います。それぞれ住んでいるところは、ファシリテーター（日本2名、ドイツ1名、カナダ1名）、広報（日本1名、カナダ1名）、事務スタッフ（日本1名）です。

「起業ひふみ塾」は、人が集まるためのサロンはありますが、事務所はなく、スタッフは出勤する必要も義務もありません。（ちなみに、社員はいません）。

スタッフ同士の運営ミーティングは、時差の関係で日本時間のAM6時〜7時に、オンラインで行っています。

受講生の月謝支払い方法は、基本「PayPal」ですが、希望によっては銀行振り込みの方もいらっしゃいます（5%ほど）。

「起業ひふみ塾」が提供しているサービスのメインメニューは、Zoomを使ったオンラインのクラスです。クラスは3つのパートに分かれていて、① What's New（3分間スピーチ）、②ひふみコーチング（セルフコーチング）、③ Today's focus（塾生がその場で智恵を持ち寄り、相互支援する）という順番に進みます。

開塾以来、基本のサービス体系に変わりはありませんが、常に工夫を重ねています。

たとえば、ちょっとお疲れムードの塾生をサポートする「カウンセリング」ルームや、逆に伸び盛りで元気のいい塾生をサポートする「コンサルティング」ルームを開設したのが、その一つです。

コロナの影響で自宅待機が長引いたときは、塾生たちが属する各業界の話をリレー形式で話してもらったり、ITをより活用できるようにと、PCサポートをしてきました。

塾生を紹介する「ひふみびと紹介（インタビュー）」をYouTubeにアップしたり、撮りためたインタビュー動画を塾生だけが閲覧できるオンライン図書館に収めたりもしています。

「起業ひふみ塾」はどんどん進化し、2017年の開塾時と今とでは、比べ物にならないほど、サービス内容が充実してきました。

こうして魅力がどんどん増していく塾なので、塾生は増えていくいっぽうです。

海外で暮らす日本人の方から、「しばらく日本語を話さない生活をしてきたけれど、私が求めているのはまさにこれだった。ひふみ塾を始めてくれて、本当にありがとうございます」という言葉をいただいたときは、「塾を始めてよかった！と、心から思いました。

サブスクのオンラインサロン、ぜひみなさんもチャレンジしてみませんか？

会員を順調に増やすコツ

さて、ここからは、サブスクのオンラインサービスを上手に展開している方たちの例をご紹介しましょう。

例 1

サロン名 池崎晴美の話し方オンラインサロン

サロンオーナー 池崎晴美

会費 月 3,300 円

内容

レッスン① 池崎晴美の話し方グループレッスン
レッスン② 発声練習（毎週1回・15 分）
レッスン③ ハッピートーク初級レッスン
レッスン④ 1分スピーチチェック
レッスン⑤ マンツーマンレッスン

URL https://hanashikata.hi-from30.com/

Q サブスク化する以前のサービスは?

池崎さんはかつて、NHK 文化センターの講師で、「話し方の基本とマナー」「心をぎゅっと掴む話し方」などの講座を受け持っていました。1：1のプライベートレッスンも、経営者や政治家からの依頼に応えて行っていました。

Q 会員を増やす工夫、減らさない工夫は?

新規会員を増やす工夫は、週に1回は体験会を行っていることと、オリジナルの「ハッピートーク®朝礼」を毎日8:30分から15分間ZOOMを使って行っていること。

「ハッピートーク®朝礼」には、5か月で延べ3000人の参加がありました。

オンラインサロンは2019年10月にオープンし、当初は約20人の登録がありました。その後30人まで増えましたが、伸び悩んでいました。

けれども前述の体験会と朝礼により、2020年の7月からは毎月10人ずつ増え、同年9月は単月で15人増加。会員100人達成まで目前、というところまで見えてきたそうです。

Q 運営方法や、スタッフの有無は?

「オンラインサロンはサポートが命」と、池崎さんは語っています。というのも、参加者には、初Zoom、初Facebook、初PayPalという方も少なからずいらっしゃるからです。

そのサポートをする事務局スタッフは、すべてハッピートーク®トレーナーが手伝ってくれています。

(見込める利益の)約50%を運営費にあて、確実に提供できるサービスを組み立てています。

Q 成功の秘訣は?

「ハッピートーク®トレーナーという仲間がいたからできました」と語る池崎さんに、私も強く同感します。

池崎晴美の話し方オンラインサロンはもう10年以上も、トレーナーの養成を続けてきて、現在100名以上のトレーナーが在籍。

そうしたトレーナー仲間が多数いたことが成功の秘訣であることは間違いありません。

もう一つ秘訣を挙げるとすれば、それは池崎さんの「行動力」。2019年10月に思い立ってすぐ、オンラインサロンをオープンしたので、翌2020年春から深刻化したコロナ禍の最中に会員数を伸ばすことができました。

素早い行動により、チャンスを掴んだ例と言えます。

例2

サロン名
Hypno-Miho　潜在意識アクセスサロン

サロンオーナー クルーファー美保

会費 月45ユーロ（日本円で6千円弱）

内容

① グループヒプノセラピー（毎月6回）

② ヒプノ誘導録画音源の提供（新規のものを毎月3つ）

③ お話し会（毎月2回）

④ Facebookプライベートグループ

URL https://peraichi.com/landing_pages/view/hypno-miho-salon

Q サブスク化する以前のサービスは?

「安心ヒプノ」や「自己催眠講座」という名称でワークショップを開催していました。また、会員に求められれば、ビジュアリゼーションの音源を一つひとつ受注単位で販売していました。

Q 会員を増やす工夫、減らさない工夫は?

コロナ禍の2020年4月～7月、「安心ヒプノ」ワークショップの参加者に向けて、オンラインサロンを案内。8名からスタートし、その後、コラボイベントを行うなどしながら、会員を増やしています。長続きする会員が多い理由として、「私のオンラインサロンは心理的安全基地になるからだと思います」と美保さんは言います。「ここに来ると落ち着く」「気持ちがいい」「とにかく楽しい」「かっこつけなくていい」「すっぴん風呂上りで、布団の中から参加できる」、そう思って気楽に集まってもらえる場づくりを心がけている、とのこと。

Q 運営方法や、スタッフの有無は?

現在は美保さん一人で運営しています。会員が30名を超えたら事務局スタッフがほしい、と考えているそうです。

Q 成功の秘訣は?

グループヒプノ（1回30分間のグループセッション）、お話し会（1回30分間×月2回）など、「30分単位」のメニューが好評のようです。

時間が長すぎると参加できない人も、「30分だったら大丈夫」と、気軽にセッションに参加できることが魅力になっています。

もう一つは、オンライン上に顔を見せてもいいし、見せなくてもいいシステムにしたこと。これなら、お風呂に入って歯を磨いて、お布団の中に入ってからでも参加できますね。

「自分自身と繋がる時間を定期的に持って、より幸せになってほしい」という美保さんの気持ちが伝わるサービス内容になっているのが、いいところです。

例3

サロン名 つむちゃんのしゃべり場オンライン

サロンオーナー 津村柾広

会費 月謝1万円

内容

① お子さんへのマンツーマンコーチング（回数無制限）

② 大人へのマンツーマンコーチング（月1回／60分）

③ しゃべり場HR（月2回／60～90分）

URL https://lp.ryomajuku.com/shaberiba

Q サブスク化する以前のサービスは？

津村さんは、セミナー、講演、授業（1：多）をメインとする研修講師（兼コーチ）でした。しかしコロナの影響により仕事がまったくなくなってしまい、2020年3月頃からオンラインサロンの準備をスタート。そしてサロンを開設するとまず、休校になって学校に行けない子どもたち向けに無料のオンラインホームルームを開催。そして親世代向けには、100名のコーチングを無料で行うことにトライ。この2つのボランティア活動を通じて、オンラインでサービスを提供するコツを掴んだそうです。

Q 会員を増やす工夫、減らさない工夫は？

津村さんはまず、コーチとしてやりきる自分と、広報、事務局、という3名1組のベストチームをつくり、「しゃべり場ホームルーム」というオンラインイベントを2回行いました。そして、イベント参加者にサロン開設案内のダイレクトメッセージを送るなどしたところ、最初の会員10名が集まりました。

現在は、会員の多くが小学2年生〜高校3年生です。

津村さんの地元は青森ですが、会員は県外の子がほとんどだそうです。親御さんからは「セッションが終わった直後、子どもがスキップして部屋から出てきました」といった、喜びの感想がたくさん届くと言います。

津村さんの基本姿勢は「手を抜かないこと、ラクしないこと」。その想いが伝わるからこそ、だと思います。

Q 運営方法や、スタッフの有無は?

津村さんは起業塾に所属していただけあって、現在のサロンの事務局やコンサルの仕事は、すべて起業塾の仲間に助けてもらって運営しています。もともと塾生同士だったのでコミュニケーションばっちり、とのこと。

今は1クラス30名を目指していますが、それを超えるニーズがあったらコーチ（担任の先生）を増やしたい、また他にも、音楽の先生、美術の先生など専門教科を入れたい、と計画中です。

Q 成功の秘訣は?

こちらのサロンでは「定額で、コーチング受け放題」という、思い切ったサービスにしたことが成功の秘訣でしょう。毎月1万円の月謝を支払えば、追加オプションなしで、何度でも必要なだけコーチングを受けられるので、ユーザーは安心感を与えられます。

これはリアルな場では実現できない、リーズナブルすぎるほどの価格設定です。
それができてしまうのは、津村さんの空いている時間を有効活用するような予約の仕組みになっているからです。

この方法により、津村さんも会員も互いにハッピーです。

例4

サロン名 ラテンライフ ONLINE アカデミー

サロンオーナー 伊藤直美

会費 月2,500円

内容

① オンラインズンバ（週1回）

② Facebookグループでの交流と“ラテン学”のまなび

URL https://peraichi.com/landing_pages/view/latin2020naomi

Q サブスク化する以前のサービスは？

会場を借りて行うレッスンを週1回、60分10ユーロ（約1,200～1,300円）で開催していました。このリアルのレッスンは今も継続中です。ドイツのフランクフルト郊外で行っているため、近くに住んでいる人限定となっています。

Q 会員を増やす工夫、減らさない工夫は？

ナオミさんがオンラインレッスンを始めたところ、リアルからオンラインに移った会員は約10%でした。新規の会員は、リアルの会場に来られない遠距離の人がほとんどだそうです。

そこで人気を集めた秘訣は、ヨーロッパのカーニバルさながらの本格的な仮装をして、講師であるナオミさんがいつも登場すること。

ナオミさんは衣装や仮装グッズを数えきれないほど持っていて、

100通り以上の組み合わせができるのだとか。「参加者も少しずつ派手になってもらえるように勇気づけをしています」とナオミさん。

会員のコーディネートを見て「肌を出してるね！」「ピンクが似合う！」など声かけも積極的にしているそうで、それも参加者を惹きつけるポイントになっているようです。

Q 運営方法や、スタッフの有無は?

「たくさんの人を集めるのではなく、マックス100名の人数で、顔が見える範囲で運営したい」というのがナオミさんのスタイル。会員20名になるまでは、すべての作業を自分一人でこなして運営してきましたが、今は事務の手間を省くため、自動で受付ができるシステムを組んでいるところ、ということでした。

Q 成功の秘訣は?

ナオミさんのサロンが盛況なのは、「明確に他の人と違うブランディングができている」からに他なりません。THIS IS ME! というノリで、もう圧倒的に他とは違うのです。

毎回アッと驚く仮装で登場するのは、魅力全体のほんの一部に過ぎません。圧倒的個性と魅力の極意は、踊ることによって心を整えるサポートまで行なっていること。「ありのままの自分を大事にするラテンマインドに触れることで、陽気な人生を送ってほしい‼」という願いが溢れ出ているんです。

またナオミさんはオンラインサロン開設と同時に、ブログもスタートしています。そこで今までしていなかった自己開示をし、なぜオンラインサロンをやっているのか、などを綴っています。このブログに感動し、入会を決める方も多数いることでしょう。

まだ始めたばかりなのに「会員100名達成は見えている」というナオミさん。あっぱれです！

例 5

サロン名　オンラインおやこ園

会費　あらきちひろ・まつうらえりこ

月謝　2,200 円

内容　小学生までのお子さんとその保護者を対象とする 16 クラス（週に何回でも受け放題）

URL　https://peraichi.com/landing_pages/view/oyakoonline

Q サブスク化する以前のサービスは?

発達障害をかかえるお子さんの療育をメインとして、自宅や公園でお子さんの発達や成長を支援。

保育（ベビーシッター）も時々行っていました。

Q 会員を増やす工夫、減らさない工夫は?

コロナ禍により完全にオンラインサロンへ切り替えたところ、以前のクライアントの 90%がオンラインに移行してくれたそうです。

オンライン以前も以後も変わらずに大切にしているのは、「丁寧にコミュニケーションをとること」と、ちひろさんは言います。

共同主催者のえりこさん（オーストラリア在住）と協力し、しばらく来ない子や様子が変わってきた子の親御さんにマメに声をかけているそうです。

Facebookとインスタに、新規募集の広告を出したこともあるそうですが、思ったほど効果はなく、ほぼ口コミだけで会員を増やしていると言います。

Q 運営方法や、スタッフの有無は?

講師2名+事務局1名で運営。3人とも起業塾の仲間で、事務局はカナダ在住の女性が担当。

クラスは、ちひろさんが週に8クラス、えりこさんも週に8クラスを担当。

オンラインサロンを開設してからは、個別保育を依頼されることも増え、その場合は別料金で受けているそうです。

Q 成功の秘訣は?

オンラインおやこ園のキーワードは「グローバル」です。まさにグローバルというにふさわしく、運営チームはカナダ&オーストラリア&日本に住む3名。生徒は、アメリカ、カナダ、チリ、タイ、マレーシア、イタリア、フランス、ドイツ、シンガポール、日本の0歳〜7歳までと多彩です。

子どもたちに同じテーマで絵を描かせても、国によって描き方が違い、色も違います。そうした多様性を認め合い、受け容れていくことが、グローバル感覚なんですね。世界に通用する子に育てたいと考える保護者にとって、この上ないオンラインサロンだと言えるでしょう。

子ども一人ひとりを大事にする保育をしっかり提供したいという思いやりが半端ないことも、成功の秘訣です。

column 5

人が幸せになり、 自ら学び出す オンラインサロンとは?

P156で紹介した、松村亜里さんによる「ニューヨークライフバランス研究所」。こちらのオンラインサロンは、いま非常によい軌道にのり、活性化しています。

みなさんのサロンを育てるヒントがたくさんあるので、ここで詳しくご紹介していきましょう。

亜里さんのオンライサロンは、ひと月45ドル。現在170名が登録しています。

この母体をベースに活動をするなかで、たとえば「恋愛講座を開催します」と告知をすると、1コマ90分/7回講座/450ドル(コロナ特別価格)のコースに、すぐ35名ほどの申し込みが集まります。

また亜里さんが得意とする「オンラインでのファシリテーション講座」を開催した際は、1コマ90分/3回講座/300ドル(コロナ特別価格)のコースに、1週間もしないうちに50名近くの申し込みがあったそうです。

オンラインサロンの人数も多く、講座の集客も苦労しない、理想的なオンラインビジネスの形です。

以前の、忙しく働いても収入が伸びなかった状況から一変。「今はお金のために働く必要がない状態になれました」と亜里さん。

秘訣を聞くと、「自己開示」「無料の入り口」「講座とサロンのセット価格」「コミュニティづくり」「反転学習・復習の仕組み」「学び合う場」などさまざまなキーワードが出てきました。
ひとつずつ紐解いていきましょう。

メルマガの継続と自己開示

亜里さんはメルマガを長く続けてきました。メルマガ会員は約2000人。
ずっと続けてきたことによる、メンバーとの継続的な繋がりは、ビジネスを上手くいかせる大きな要素です。
さらに亜里さんはメルマガで、できるだけ飾らずそのままを発信する「自己開示」をしてきました。それがメンバーに「心理的な近さ」や「繋がり」を感じてもらえたのではないでしょうか。
だからこそ講座を告知するとすぐに「待ってました」と埋まるようになったのだと思います。

無料の入り口を用意

「ニューヨークライフバランス研究所」のメニュー構成は、体験講座35ドル、オンラインサロン45ドル、単発講座200ドル、継続講座400ドルなど、が基本となっています。

興味を持った人は「体験講座35ドル」がお試ししやすいプランですが、その前に無料の何かがあったほうが、さらによいと学んでつくったのが「しあわせチャンネル」という無料のコンテンツ。
こういった場への申し込みを迷うとき、一番知りたいのは「学んでどうなったか」という結果ですよね。そのため講座受講者に「ポジティブ心理学を学んで自分がどう変わっていったのか」を語ってもらい、Facebookで無料配信。
それが功を奏し申込者は増加。このコンテンツづくりは、学んだ人たちの活躍の場になっているのもポイントです。

講座とサロンのセット価格をつくる

これは私の起業塾でも行なっている、講座とサロン両方での学びを体験してもらう仕組みづくりです。

亜里さんは、2018年に初のオンライン子育て講座（10回450ドル）を開催した際、オンラインサロンに入ると講座料金が半額になるようにしました。

講座を受けたメンバーは、受講期間のあいだにオンラインサロンも大切な場所になっていたため、講座終了後もサロンに残る人が多かったそうです。
私のサロンも亜里さんのサロンも、迷っていた人から「入ってみたらよかった」という声が寄せられています。

サロン内のコミュニティづくり

オンラインサロンはメンバーが増えてくると、「統制が利かなくなるのでは？」「自分とメンバーとの一対一の関係性が希薄になり、辞める人が増えるのでは？」と心配になる方もいるかと思います。

でもオンラインサロンでは、それより「メンバー間のコミュニティをつくる」「メンバー間の交流を深める」工夫をすると、満足度が高まっていきます。

亜里さんのサロンではまず、定期的に新しいメンバーの歓迎会をオンライン上で開催し、関係性をつくるきっかけにしています。

講座では受講者が自らグループを作り、宿題やワークを行ったり、「講座後の学びあい」の場を設け、集まってきたメンバー同士が課題を出し合う形にしています。

また、講座で学んだ受講生たちがファシリテーターをつとめる、テーマ別のサークルも月1回あるそうです。子育て、パートナーシップ、キャリアなどについて相談できる場になっています。
メンバーがしっかり参加できるよう、入れない人がいないように工夫し、ファシリテーターには90分9,000円の謝礼を用意して、盛り立ててもらっています。

はじめはファシリテーターのトレーニングが大変だったそうですが、成長は目ざましく、その分、亜里さん自身のオンラインサロンでの活動は、月1回の講座開催と、プロフェッショナルのためのサークルのファシリテーターのみとしているため、かつてのように、もう自分が忙しくなりすぎることはありません。

反転学習・復習ができる仕組み

亜里さんは、サロンを活性化するために単発講座をたくさん用意していますが、ここでも自分が稼働し続けて疲弊しないよう、録画した講座をいつでも見てもらえるようにしています。

動画を何本も撮影・編集するには初期投資が必要ですが、これらのコンテンツがあり、自分のペースで学べることも、サロンメンバーの満足度の高さに繋がっています。

また亜里さんが新しく開催した講座も、録画・編集し、反転学習ができるようにしています。ここにもファシリテーターをつけ、仲間を募り、自律的に勉強していく場を設けているそうです。

学び合い、成長し合う場

こういった場が、なぜオンラインサロンに必要なのでしょうか？

オンラインサロンを作るきっかけは、亜里さんの連続講座が終わったとき、受講生から「講座が終わって寂しい」「自分ではまだ実践できない」という声が挙がったからだそうです。

自律的に自分たちで学びを続けられる場を作ろうとしたのです。

受講生はサロン内で、

- 講座で学んでよかったことを共有したり
- まだ上手くできないことをみんなで相談し合ったり
- みんなのよさ、強みをフィードバックしたり

- 役立ちそうな情報を教え合ったり
- ３か月後、自分がどうなっているか、そのためにどうしていったらいいか、みんなに相談して進めたり etc

講義を受けて終わりではなく、オンラインサロンが反転学修や学びを継続して深める場となっているのです。

みんながその中でどんどん問題解決を図って、
成長していく……。
しばらくすると問題がなくなってくるので、早く新しいメンバーが来ないかなと思うこともあるくらい、だそうです。

亜里さんのオンラインサロンは、そのスタイルが非常に合い、つねに活性化しているのだといえます。

サロン開設するための「ツール選定」

オンラインサロン、みなさんもやってみたくなってきましたか？でも実際に開設するとなると、会員の管理や連絡はどうすればいいの？会費のやりとりは？動画配信やストックをするには何を使うの？などなど、疑問が出てくると思います。

そこでオンラインサロンの開設と運営に必要なツールをご紹介します。

無料もしくは安価で使えるツールもあれば、一定の固定費がかかるツールもあります。

無料でもスタートできる

無料で使えるツールから解説しましょう。

まずホームページ作成には、P118でも紹介した「ペライチ」というサービスを使うとよいですね。ペラっと一枚、簡単にホームページがつくれます。

説明を聞くよりも体験したほうが早いと思います。オンラインサロンのタイトルとサービス内容、会費と主催者の自己紹介を載せてみましょう。

会員管理はエクセルやワード、手書きのメモでもOKです。

最初はとにかくお金のかからないツールを使うことがおすすめです。

月謝課金や会費回収などの決済ツールとしてはPayPalやstripeなどのサービスがあります。
迷ったとき、どの会社でも手数料に大差はないとすると、知名度のあるサービスを使ったほうが、ユーザーの安心感は高まるでしょう。

会員とコミュニケーションをはかるツールは、いろいろあります。あなたのサービスを受けるユーザーがどのＳＮＳを使っているかによって異なりますが、2020年秋現在は、Facebookの「プライベートグループ」が最も使いやすいと思います。

プライベートグループを立ち上げ、その中に会員を招待すれば情報のやりとりができます。お互い気楽にコメントを投稿しあって、楽しくコミュニケーションをとりましょう。
このやり方であれば、初期費用はゼロ。ランニングコストも、あなたの人件費以外はまったくかかりません。

有料のツールを使うなら

無料ツールだけを使っても、とりあえずオンラインサロンをスタートすることはできます。
ただ、サロンを開設するとすぐに、「メルマガを発行したい」「会員管理と決済を連動させたい」といった要望が出てくるでしょう。

そこから先は、どのタイミングでどれくらい投資するか？を考えながら、ツールを選んでいってください。

たとえば、ホームページに記載する情報が増えていくと、ペライチだけでは足りなくなります。「コラムを書いて更新したい！」という場合などが、そうですね。

そうなったら、何もかも自分一人ではできないので、プロに依頼をします。制作費はピンキリですから、外部スタッフへの報酬としてどれくらいまで投資できるか、あらかじめ決めておき、先方と相談しながら実行してください。

ちなみに、納得感を得られるレベルのライターさんやWebクリエイターに頼むと、おそらく20万円以上かかるでしょう。

「会員管理と決済の連動」をはかるツールもほしくなりますよね。今はサブスクがブームですから、次々と新たに便利なツールが出てきています。「会員ペイ」「メンバーペイ」などがそれにあたります。

このツール選びは慎重に行ってください。

どのツールを使うかによって、長い間スムーズにサロン運営ができるかどうかが決まります。

最近のトレンドである「動画」のことも考えておきましょう。
動画をどう扱うかは、ビジネスによって違いがありますが、教育（コンテンツ）ビジネスの場合には「動画」が必須です。

現在、代表的な動画配信サービスとして挙げられるのは、Teachable（ティーチャブル）、edulio（エデュリオ）、カジャビー（KAJABI）などです。これらのツールを使っている会社のホームページに記載されている「お客様の声」などを調べたり、比較サイトを参考にしたりしながら、どのツールにするかを決めましょう。

ちなみに私の会社が使っているツールは以下のとおりです。

①ホームページは「ワードプレス」
②会員管理は「しゅくみねっと」
③決済は「PayPal」
④コミュニケーションは「Facebookのプライベートグループ」
⑤動画の配信は「edulio」

継続できる収支モデルをつくっておこう

サブスクモデルのオンラインサロンを始めるとき、みなさん心配になるのは何をおいても、「継続できるだけの利益が出るかどうか」ですよね。

会員は集まったけれど利益が出ないという、赤字収支モデルになってしまうと、続けたくても続けることができません。

仮でいいので、計算してみましょう。

まずは、どれくらいの人が会員になってくれそうか、簡単な見込みを立ててみましょう。その人数に、会費を掛け合わせます。

それが売上げ（月商）です。

○名×○円（会費）＝○円（月商）

同じように仮でいいので、経費を見積もってみます。

毎月の「固定費」＋「決済手数料」＋
「事務局などのスタッフ人件費」＝経費

ざっくりいって、売上げの50％は経費に回す必要がある、
と思っておくとよいでしょう。

売上げが30万円だったら経費は15万円かかるということです。
ということは、15万円の売上げがないと赤字になるということです。

「赤字」という言葉を聞くと、ビクッとしてしまいますよね。その気持ちはよく分かりますが、売上げがゼロで経費が15万円ということはありません。固定費は最低5万円くらい見積もっておけばよいでしょう。この5万円というのは、何もしなくてもかかる費用のことで、言ってみれば家賃のようなものです。

5万円を超える売上げがあれば、そこから先は「黒字」です。
30万円の売上げが立てば、月々15万円の安定収入になるのです。

「売上げ」－「経費」＝「利益」

サブスクの仕組みを活用すると、安定収入を得やすくなります。あなたが必要とする収入額を目指して、あなたのサブスクサービスに関心を持ってくれる人や、オンラインサロンに入ってくれそうな人を増やす活動をしていきましょう。

でも、いわゆる営業活動や、必死のPR活動とは違います。
では何なのかと言えば、それは「友達づくり」のようなものです。
私も実際にやってみて分かったのですが、「サブスクリプションとは、100人の友達づくり」なんです。
そして「誰だって100人の友達をつくれる」ということなんです。

次のページで、それを詳しく説明していきますね。

サブスク集客は100人の友達づくり

サブスク集客のコツは、まずは会員1人から始めて、5人、10人、30人、100人へと、コツコツ増やしていくこと。

リアルに100人集めるのは難しいけれど、オンラインで100人集めるのは比較的簡単です。

SNSの友達を増やす感覚で、楽しみながらやっていきましょう。

「ゆくゆくは、サブスクモデルのサービスを立ち上げる」くらいの気持ちで、積極的に友達づくりができるといいですね。

なぜサブスクに友達づくりが大事なのか、そのことをお話ししますね。リアル店舗に置き換えて考えると分かりやすいと思います。

一例として、私の夫はカフェを経営していて、今年で6周年を迎えました。開店以来、広告宣伝費は1円たりとも使ったことがありません。それでもけっこう繁盛しています。

リアルに店舗があるので、通りがかりの方が利用してくれることも多いのですが、毎日数組は「知り合い」がやってきてくれます。

私は毎日、「今日、誰か来た？」と聞きますし、夫もよく「今日は、

○○さんが来てくれて、△△っていう話をしていった」と教えてくれます。

通りすがりの人は「たまたま」店に入ってくれたのですが、顔見知りの常連さんたちは「わざわざ」店にやってきてくれるのです。さらに、こちらが頼まなくても、常連さんは料理の写真をSNSに投稿して、「美味しかった！」とコメントをつけてくれたり、別の知り合いに「今、いつものカフェにいるよ」と、お誘いメッセージを送ってくれたりするのです。

これと同じことが、オンラインでも起こります。
あなたがオンライン上に店を開店したとき、「わざわざ」訪れてくれて、「何か買おう」「応援してあげよう」としてくれるのは、よく知っている人々、つまりお友達なのです。

応援してくれる友達のつくり方

1 人は、自分に関心を持ってくれる人に関心を持つ

自分に関心を持ってくれる人がいると、自分もその人に関心を持ち、好感を持つようになります。
恋愛においては、特にそうした傾向が強くあらわれますね。自分に興味を持ってくれたというだけで、その人に恋をしてしまうということだってあるのです。

誰かの関心をひいたということは、その人に何らかの影響を与えたということ。そういう状態にあると、人は誰しも、承認欲求や自己顕示欲が満たされ、自尊感情が高まります。
素敵な相手と素敵な関係性を築きたかったら、自分に関心を持ってもらおうとするのは逆効果で、まずは自分が相手に関心を示すといいのです。

2 出逢いは、待っていてもやってこない

私は異業種交流会のような集まりがあまり得意なほうではないので、人に勧めることもほとんどしていません。それでも、人が集まる場所にまったく行かない人と、積極的に足を運ぶ人とでは、やはり後者のほうが出逢いがたくさんありそうです。

あなたの興味や関心をひく勉強会やセミナーがあれば、できるだけ参加し、時々は懇親会にも顔を出してみてください。

どこへも行かず、ただ待っているだけでは、出逢いはやってこないからです。

ただし、出逢いの場で積極的すぎるほど積極的に自己アピールをしたり、仕事のPR活動をすることはNGです。

あくまでも、出逢いを楽しんでください。出逢った方に興味を持ち、その方の話を聴くことに専念すればいいのです。

3 情報発信はマメに。ただしネガティブなことはNG

「売れるSNS発信テク」など、情報発信の教えはさまざまありますが、私は自然体で臨むのが一番だと思っています。

自然体で好感の持てる情報発信がいいですね。

たとえば、その日ちょっと気になったことがあれば、その都度こまめに投稿をして、その集積が素敵な備忘録のようになっているというのがいいと思います。

子育て奮闘記のように、家族みんなが泣いたり笑ったりしている様子がリアルに伝わる投稿も好感が持てます。

「読者の役に立つ情報を！」と意気込んで書かれたものは、読んでいて疲れることがよくあります。

世の中の出来事や特定の人物を名指しで批判したり、自分や仲間を卑下するような情報の発信もやめましょう。

情報発信をするならこまめに、自然体で。ネガティブなことは極

力避けて、ポジティブにいこう。というのが鉄則です。

4 素敵な人を紹介するイベントを企画する

「あの人素敵だなあ」と思う人をゲストに招いて、オンラインイベントを企画してみませんか。

難しいことではありません。イベント当日の天候や交通状況を心配する必要もないので、リスクはほとんどありません。

ですから、やろうと思えば誰にでもできますし、とても大きな効果が期待できます。

有名な方であっても、こちらが情熱をこめてお願いすれば、快く登壇してくださるものです。特にオンラインのイベントであれば、登壇交渉もスムーズにいくはずです。

起業のはじめに、こうした活動をすると、あなたを知ってもらういい機会になり、とても有意義です。

ゲストを招いてのオンラインイベントでは、ゲストの素敵なところを、できるだけたくさん紹介するように努めてください。参加者は、きっと喜んでくれるでしょう。

参加者が喜び、ゲストも喜び、主催したあなたも喜ぶという「トリプル Happy」が実現します。

5 疑問があったら、お金を払って相談する

コンサルティング、コーチングのプロ、またはプロカメラマンやイラストレーターなど、その道で活躍している専門家の方々は大勢います。

起業するにあたって、そうした専門家の力を上手に活用するのは賢い方法です。

お金を払ってサービスを受ける経験も積んでおきましょう。

その専門家の方と顔見知りであるとか、友達づきあいをしている

仲だとしても、ただで力を借りてはいけません。その方の専門性に対して、必ずお金を払ってください。

お互いに敬意をはらい、知恵と能力を交流させていきましょう。そういう関係性で成り立っているのが、起業家のコミュニティです。

友達ができたら、オンラインでも守りたいこと

前述のお金の話に関連することですが、友達がたくさんできて、あなたのサービスを利用してくれるようになったとき、ついしてしまいがちなこと、守ったほうがいいことがあるので、お伝えします。

実際にこういう例があるので気をつけましょうね、というお話をしてみます。

・友達割引をつくらない

岐阜県の垂井町で、お客様の席が1席だけの美容室「le cocon」を経営する、安住真由子さんという美容師さんがいらっしゃいます。安住さんが得意としている施術は、ヘナをはじめとするハーブのオーガニック美容施術です。

それがとても評判がいいので、わざわざ遠くからやってきてくれる友達もおおぜいいます。交通費も時間もかけて来てくれるので、安住さんは思わず「費用はいらない」と言ってしまいそうになりますが、グッと我慢をして、正規の施術料をいただくそうです。

なぜなら、「プロとして仕事をするのだから、友達割引はつくらない」と決めているからです。

・家族にも支払ってもらう

うちの夫も、相手が誰であっても、友達割引はしません。妻である私に対しても、夫はコーヒー一杯といえどもおまけしてくれません。ですから私はいつもきちんと、伝票どおりの金額を支払っています。

当たり前のことなのですが、公私をしっかり分けることが大切なんですね。

公私の区別をすることで、いらぬトラブルを避けることができます。そして、気持ちよく仕事をしていけます。

まずは自分がユーザーになって学んでみる

サブスクやオンラインサロンについて、まだピンとこない、という方にオススメしたいのが、**「サブスクモデルのサービスを利用して、とてもよかった！」という経験をすることです。**

つまり、ユーザーとして成功体験を味わってみてほしいのです。

私も、自分で始める前に、ユーザー体験をしてみました。鈴木利和さんという方が主宰するサブスクモデルの塾「ありえる楽学」の会員になってみたのです。この塾は、月謝が決まっておらず、自分で月謝を決める方式をとっています。そこがまたとてもユニークで、サブスクというシステムを知る上でとても参考になりました。

この経験があったからこそ、自分が始めるサブスクサービスの実装に自信を持てたのです。

みなさんも、今すぐでなくてもゆくゆくは、サブスクモデルを自分で運営することを視野に入れていることでしょう。

ならば、その準備として、いろいろなサブスクモデルをユーザーとして体験してみるのは大いにおすすめです。

重要ポイント

1. サブスクリプションモデルでは、
小規模事業者ほどチャンスが大きい。

2. 土地に縛られないオンラインサロンは、
世界に広がるという夢がある。

3. サブスク集客は100人の友達づくり。

4. すでに事業を始めている方は、
プラスαでサブスクを始めるといい。

5. サブスクリプションモデルの素晴らしさを、
ユーザーの立場で体感してみよう。

自分に嘘をつかない生き方、輝かしい人生にシフトしよう

起業に対する不安が大きかった方も、ここまで読み進むと、何か始めてみたくなってきたのではないでしょうか。

起業に対するネガティブなイメージを払拭して先に進むために、あなたの中にある「ねばならない」が、「そうじゃなくてもいいんだ！」に変わるといいなあと思います。

「安定を捨てて起業しました」という人がいます。
会社勤めをしていた頃は、毎月25日になると給与が振り込まれ、年間20日間の有休があり、退職金も十分な額を約束されていた。だから起業するよりもずっと「安定した生き方」だった、と感じているのでしょう。
私にとっての安定は違います。私は、自分の命と繋がって生きることを、安定した人生だと思っています。

「自分の命と繋がって生きる⁉　それって、どういうこと⁉」と首を傾げる方もいらっしゃるでしょう。
いきなりスピリチュアルなことを言うと引かれてしまいそうですが、私はコーチという仕事を通じて人と触れ合えば触れ合うほど、私たちはみなスピリチュアルな存在なのだと思えてきたのです。

私たちは、精神・心という、目に見えないものに支配されて生きています。ただ単に生きているだけでは満ち足りなくて、**「生きがい」とか「やりがい」とか「生きている意味や価値」を感じたいと願っています。給与や休みや退職金だけでは満足できない心を持っているのです。**

そんな私たち人間が真の意味で「安定」するのは、自分本来の心のままに生きて、心を満足させられたときです。
具体的に言うと、
「本当はNOだと思っているのに、
YESと言わなくちゃいけない」とか、
「今日は真っすぐ帰りたいのに、
飲み会につきあわなくちゃ」とかは、
もうしない、ということです。
言い換えると、「自分に嘘をつかない」ということですね。

「自分では決して買わないものを売る」とか
「他社の製品のほうがいいと知っているのに、
無理やり自社の製品を勧める」
などは言語道断です。

そういうことをしていると、人間は、自分の命との繋がりが切れてしまう、と私は感じています。

自分に嘘をつきたくない。
自分の命を大切にする生き方をしたい。
そう思う人は多いのに、「私は通勤したくない。なのに通勤していたら、自分の命と繋がれない」と会社で言ったら、「大丈夫ですか？」と心配されるでしょう。

でも、本当に自分の命と繋がって生きたかったら、その場合は通勤のない仕事を選んだ方がいい、と私は思っています。

上司の言っていることに違和感を覚えたり、「明らかに間違っている」と思ったり、会社の方針に賛成できなかったら、その違和感を口にできる環境で働けた方がいいですよね。

「仕事は我慢してするもの」というのは、昔の考え方です。
今は「仕事は楽しんでするもの」です。

自分の命と繋がる仕事を、自分でつくりだしましょう。
あなたの命を大切にできるのは、あなた以外にないのです。

あなたが今している仕事は、あなたの命と繋がっていますか？

人生100年時代、ストックビジネスで細く長く稼ぐ

人生100年時代だそうです。私にもあと半分人生が残っていると思うとホッとします。まだまだやりたいことがあるので、ありがたいことです。でも……長いですよね。

世間一般で「定年」とされる60歳まで働いても、そこから先が40年もあります。みなさんは、この40年、どうやって生きていきますか？　多くの方は、「さて、どうしよう？」と迷ってしまうのではないでしょうか。

これからはオンライン起業の広がりとともに、細く長く稼げる「ストックビジネス」があなたの人生を支えることでしょう。

「ストックビジネス」という言葉は、狭義には、動画コンテンツなど、あらかじめ準備しておいた商材をネットで販売することを指します。

ちなみにあなたがFacebookやインスタグラムやNOTEに投稿した記事も、その一つひとつがストックです！

けれども広義には、「自分でビジネスを始めること」そのものを、ストックビジネスと捉えてよいと思います。

自宅でオンラインビジネスを始めていれば、60歳定年というものはなくなります。

70歳、80歳、90歳、100歳になっても、夢を追いかけ挑戦し続けることができます。

挑戦し続けるというのは、改善を重ねていくことであり、それに伴って信頼を増していくことです。

信頼を積み重ねてこそ、あなたの活動やビジネスの真価が発揮されます。人生100年時代ですから、ロングスパンで考えていくとよいですね。

とはいえ、あなたの人生の一日一日が、未来に向けてストックされていきます。

そのことを思うと、あなたのストックビジネスは、もう始まっているのですね。

重要ポイント

1. 安定とは、保証された給料や休暇や退職金のことではない。
2. 自分に嘘をつかない生き方をしよう。
3. 広義のストックビジネスは、今日から始められる。もうすでに始まっている。
4. 一日一日が、未来に向けてストックされる。
5. 自分の命を大切にできるのは、自分です。

おわりに

自宅でオンライン起業をするという、新しい働き方・生き方が、誰にとってもより身近なものとなることを願って、ここまで書き進んできました。
最後までお読みいただき、ありがとうございます。

自宅を仕事場にするというスタイルに、私は子どもの頃から馴染んでいます。当時は今と違ってオンラインではありませんが、両親とも自宅で仕事をしていました。この本のテーマとまったく同じで、自宅で起業していたのです。

私が学校から帰ってくると、父と母は仕事の手を休めて迎えてくれました。仕事に追われ、締め切り間際になると、店屋物を頼む日々が続き、なんともピリピリと殺気だった空気が流れる、そんなことも私は好きでした。

夏になると、私たち子どもと一緒に両親も夏休みをとり、車で北へ北へと移動しながらひと月もかけて旅をしたものです。だから私は、大人にも夏休みがあると思っていました。

時は流れ、令和の時代となった今、私たちは常時インターネットと共に生活をするようになりました。
これから後は益々、生活のすべてがインターネットなしには成り立たないようになっていくでしょう。仕事も100%、インターネットでという時代が、もうすぐそこまで来ています。
こういう時代に、皆が皆、毎日往復何時間もかけてオフィスに通う必要があるでしょうか？
　会社の労務規定どおりの時間と役割で働く必要がどれほどあるでしょうか？
　好きな時間に、好きな場所で、好きな仕事をして、好きな人と、好きなものを食べ、好きなものに囲まれ、好きなように暮らせる時代なのです。

　あなたは、どうしたいですか？
　働き方、生き方を変えますか？
　それとも、今までどおりがいいですか？

　私が起業した20年前は、株式会社をつくるのに資本金が1000万円必要でした。それが、今では1円でつくれます。起業にお金が要らない時代になったのです。
　本書の価格は1,500円。ここに「世界で一番やさしい起業ひふみ塾」のノウハウが、すべて詰まっています。起業は誰でもできて、「ニャンとかなる」とってもハードルが低いものになったのです。

　まず、雪玉を一つ、つくってみませんか？　最初は小さい雪玉でいいのです。時間をかけて大きくしていき、立派な雪だるまに育てていけばいいのです。
　特別な才能も、運も、準備も必要ありません。
　始めるか、始めないか、ただそれだけです。
　オフィスも要りません。従業員も要りません。
　もちろん借金はせず、すべて無料のツールを使えばいいのです。
　しばらくは今の仕事と二足の草鞋を履いてもいいでしょう。
　道に迷ったら、本書冒頭にある「自宅でオンラインビジネスのコンセプト」を思い出してください。
　それは、「自分の強みを商品・サービスに変え、顧客の課題を解決することで対価をいただくこと」という、ごくシンプルなものです。

あなたの強みは何ですか？
あなたの大切な人はどんなことで困っていますか？
あなたにできることが必ずあるはずです。
それを、やってみる。本当にそれだけです。

『自分らしく輝く人が満ち溢れる社会をつくります』
――これは、 私が最初につくった会社の理念です。
そのときはまさか、起業サポートまでするようになるとは夢にも思っていませんでした。
でも、今は分かります。自分らしく輝くために、起業ほど近道はない、だから私はみんなに広めたいのだということが。
さあ、一歩踏み出しましょう。

秋田稲美

秋田稲美（あきた　いねみ）
起業ひふみ塾　主宰
夢をかなえる「ドリームマップ」考案者
「あらゆる人の一番の幸せをさがそう」を理念に掲げ、ひふみコーチ株式会社を設立。独自のコーチングメソッドを用い、コーチングをコミュニケーションスキルではなく、幸せな人生を生きる哲学として広めている。親や先生のためのコーチング、ビジネスパーソンのためのコーチング、プロフェッショナルコーチ養成講座をオンラインワークショップで提供。また、小・中・高校生に出張授業で届ける活動も積極的に行う。2017年に始めたオンラインのグループコーチング起業塾「起業ひふみ塾」は、塾生の30%近くが海外に在住しながら参加するなど好評。『自分をひらく朝の儀式』（かんき出版）『そろそろ走ろっ!』（ダイヤモンド社）『ドリームマップ―子どもの“生きる力”をはぐくむコーチング』（大和出版）『上司になったら覚える魔法のことば』（中経出版）『ZOOMはじめました』（小社刊）など、著書多数。
HP: https://123-coach.com

自宅でオンライン起業はじめました

2020年12月4日　第1版　第1刷発行
2021年12月20日　　　　第4刷発行

著　者　秋田稲美
発行所　WAVE出版
〒102-0074　東京都千代田区九段南3-9-12
TEL 03-3261-3713　FAX 03-3261-3823
振替 00100-7-366376
E-mail: info@wave-publishers.co.jp
https://www.wave-publishers.co.jp

印刷・製本　萩原印刷

©Inemi Akita　2020 Printed in Japan
落丁・乱丁本は送料小社負担にてお取り替え致します。
本書の無断複写・複製・転載を禁じます。
NDC335　207p　21cm　ISBN978-4-86621-319-4